美味的科学系列

美味的化学

[英] 杰米·加拉格尔 / 著
刘可澄 / 译

天津出版传媒集团
天津科学技术出版社

图书在版编目（CIP）数据

美味的化学 /（英）杰米·加拉格尔著；刘可澄译
. -- 天津：天津科学技术出版社，2023.3
书名原文：KITCHEN SCIENCE:The Chemistry of
Cola
ISBN 978-7-5742-0773-8

Ⅰ．①美… Ⅱ．①杰… ②刘… Ⅲ．①化学—青少年
读物 Ⅳ．① 06-49

中国国家版本馆 CIP 数据核字（2023）第 020883 号

美味的化学
MEIWEI DE HUAXUE

责任编辑：张　婧
责任印制：兰　毅
出　　版：天津出版传媒集团
　　　　　天津科学技术出版社
地　　址：天津市西康路 35 号
邮　　编：300051
电　　话：（022）23332400
网　　址：www.tjkjcbs.cn
发　　行：新华书店经销
印　　刷：运河（唐山）印务有限公司

开本 710 × 1000　1/16　印张 10　字数 129 000
2023 年 3 月第 1 版第 1 次印刷
定价：52.00 元

前 言

化学无处不在。无论是我们吃的药品、呼吸的空气，还是喝的可乐，全都与化学有关。化学是一门探索物质的科学，从构成物质的基本微粒——原子，到结构复杂的、由上千个原子组成的分子都有涉及。化学家的工作，就是尝试解析物质是由什么组成、怎么组成的，以及物质为什么会呈现出这个形态。

有时候，化学又被称为中心科学，因为化学与许多科学领域是相通的，甚至有重合的部分。物理告诉我们星球如何运转，而化学告诉我们星球由什么组成，以及这些星球是否可以居住；生物描绘了自然选择的过程，而化学让我们明白人类的DNA（脱氧核糖核酸）是如何构成的。

阅读完这本书，你将会用全新的视角观察周围的世界。书中的例子尽管取材于日常生活，却能带你发现化学最重要、最有趣的一面。随着你一章章向下阅读，厨房将会变成你的实验室。并且书中的实验均附有详细步骤，实验器材仅需常见的家庭用品及食材。

为什么含糖饮料对牙齿不好？
第48页告诉你答案

冰和火、水和油、水果和香味、我们吃的食物和我们扔掉的垃圾……这本书会带你探讨丰富多样的话题。你会知道酸是什么以及如何在家里检测酸性化合物；你会到分子和原子的小小世界进行探索；你会借着这一次学习化学的机会，制作晶体、熔化塑料、创造云朵……

这本书中所蕴含的科学知识，能够帮助你理解化学——无论是实验室里的化学实验，还是自然环境中的化学反应。书里穿插着许多测验与问题，在阅读的同时，你还可以检测新学到的化学知识。

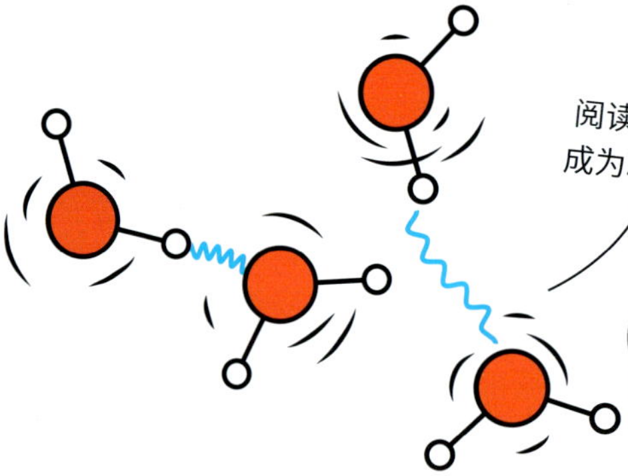

一听可乐含有6种化学元素，以及超过10 000 000 000 000 000 000 000个原子和分子。阅读第60页至61页，探索更多关于化学元素的知识。

目　录

第一章　物质的状态

2　**探索发现：**可乐中的化学

4　**探索发现：**固体、液体、气体

6　**探索发现：**如何轻松倒出瓶子里的番茄酱

8　**做实验：**非牛顿流体

10　**探索发现：**冰块的惊喜

12　**学习了解：**厨房里的化学

13　**学习了解：**物质和状态

14　**做实验：**会膨胀的冰

16　**做实验：**过冷的水

18 **做实验：**罐子里的云

20 **做实验：**冰和油

22 **探索发现：**疯狂旋转的热水

24 **做实验：**用空气压扁一个饮料瓶

26 **做实验：**笛卡尔潜水员

28 **学习了解：**测试温度

29 **学习了解：**让温度再升高一点

第二章　溶液

32 **探索发现：**认识浓度

34 **探索发现：**大量的摩尔

36 **探索发现：**各种各样的酸

38 **探索发现：**来点碱

40 **探索发现：**酸性反应

42 **做实验：**能把酸找出来的大侦探

44 **探索发现：**超级肥皂

46 **学习了解：**寻找摩尔

47 **学习了解：**“烫手”的问题

48 **做实验：**吓人的牙齿

50 **探索发现：**化学里的数学

52 **学习了解：**正确的平衡

53 **学习了解：**实验室

54 **做实验：**提高速度

第三章　化学的组成

58 **探索发现：**分解不可分解的物质

60 **探索发现：**元素周期表

62 **做实验：**可以吃的铁

64 **学习了解：**寻找元素

66 **探索发现：**化学里的连接

68 **学习了解：**元素小测验

69 **学习了解：**电子的交流

70 **探索发现：**奇妙的分子

72 **探索发现：**反应速度和表面积

74 **学习了解：**把化学画出来

76 **学习了解：**表面积的难题

78 **做实验：**嘶嘶冒泡的喷泉

80 **做实验：**探索“扩散现象”

第四章　食物里的化学

84 **探索发现：**甜甜的科学

86 **做实验：**食物和饮料中藏着多少糖

88　**探索发现：**可乐里藏着的玉米

90　**探索发现：**不会消失的能量

92　**探索发现：**能量饮料

94　**做实验：**密度彩虹

96　**做实验：**下沉的糖

98　**探索发现：**太幸运了，甜味剂是这样被发现的

100　**探索发现：**不可或缺的油

102　**探索发现：**刺激的咖啡因

104　**探索发现：**晶莹剔透的晶体世界

106　**做实验：**制作晶体

108　**探索发现：**可乐的秘密

110　**做实验：**彩色糖果

第五章　仔细看看可乐

114　**做实验：**没有颜色的可乐

116　**做实验：**用可乐制作清洁用品

118　**探索发现：**一个冒着泡泡的问题

120　**探索发现：**可乐海洋

122　**学习了解：**可乐的外观

第六章　活泼的可乐

126　**探索发现：**塑料狂想

128　**探索发现：**高分子科学简史

130　**探索发现：**塑料污染

132　**做实验：**收缩问题

134　**探索发现：**可回收的易拉罐

136 **探索发现：**循环利用

138 **学习了解：**高分子材料问题

139 **学习了解：**回收再利用

140 **探索发现：**玻璃瓶

144 **答案**

第一章

物质的状态

探索发现

学习了解

做实验

探索发现：可乐中的化学

除了味道，可乐中还有许多与化学相关的地方。可乐的颜色很特别，让人一眼就能认出来，这其实是精心设计的结果。长期以来，食品科学家、化学家与营销专家一直致力于打造出好吃又好看的产品。这一小节将带你了解可乐的颜色是怎么来的。

假设一下，你现在要用可乐瓶上列出的成分自制可乐。如果把碳酸、水、糖、磷酸及咖啡因混合在一起，你只会得到一杯清澈无色、嘶嘶冒泡的液体，就算把调味料加上，这杯液体的外观也不会有太大改变。只有在加入亚硫酸盐铵焦糖（E150D）后，你的可乐才会看上去像一杯可乐。可是，为什么生产商要不嫌麻烦地给可乐加上颜色呢？这和可乐的历史息息相关。

颜色的缘起

可乐诞生于1886年。自那时起，虽然配方有所改变，但生产商一直努力地保持着可乐独特的口味与颜色。这款饮料最初的配方，已经成了传说。可乐的发明者彭伯顿医生于1888年去世，据说他在生前，仅仅把配方告诉过四个人。经过多年的努力，人们已经还原出了原始配方中的大多数原料和配比。人们还得知，可乐美妙的口味得益于不同的油类（柑橘油、肉桂油、肉豆蔻油等），而苦苦的可乐果的作用是增添咖啡因。为了掩盖可乐果的苦味，彭伯顿往配方中加入了糖，好让可乐变得甜甜的。他会把一部分糖直接溶解在可乐里，剩余的糖则先制成焦糖，然后再溶解在可乐里。正是焦糖让彭伯顿的可乐有了如此特别的颜色。

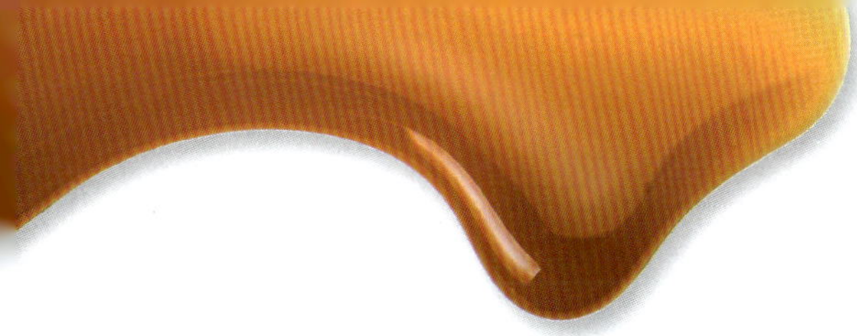

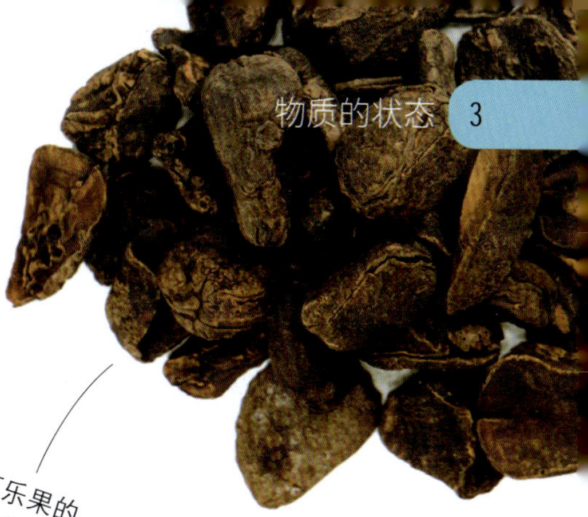

可乐果的果干

虽然可乐现在的配方中已经没有了焦糖，但是生产商为了保留最初的颜色，会往可乐中加入焦糖色的着色剂。他们使用的是E150D，这是一种可溶解的着色剂。这种着色剂可以制作出从黄色到深棕色的颜色。你会发现，许多黄色、棕色的食物及饮料，比如咖啡和宠物粮食，都使用了这种着色剂。着色剂对可乐的口味几乎没有影响，但是它能让可乐变成消费者所期待的样子。

化学家利用编号E100至E199的着色剂改变食物的颜色，甚至能做出金色和银色的食物。人们总是不放心食品里的添加剂，但当你发现食物配料表中含有这样的数字编号时，请不用过分担心。这些编号是为了方便区分而编写的，而且都合法合规。编号代表的是特定的化学物质。“棕色食用色素”这个词语太过含糊，但“E150D”则非常明确。不过，编号也不仅仅适用于食用色素，例如E300指代的便是维生素C。

想知道把可乐和牛奶混合在一起会发生什么吗？那就读读第114页至115页吧！

欺骗眼睛的小花招

给饮料上色，让它们看上去更诱人，这不是食品生产商的唯一花招。当你去超市时，你可以仔细看看瓶装水，看那些瓶子是什么颜色的。你可能会觉得它们都是透明的，就和可乐的瓶子一样。但是，部分价格高一些的饮用水瓶身其实是微微泛蓝的。在生产过程中，生产商会往塑料瓶里加入染料。因为人们会认为，微微泛蓝的塑料瓶水质比透明的瓶子的看上去更干净、更清爽。

探索发现：固体、液体、气体

理解身边的世界有许多方法，而化学家往往会从物质的状态——固体、液体、气体上入手。在一瓶可乐中，我们就能观察到这三种状态：固体的可乐瓶子里装着液体，而液体里又冒出气体。

制造商在制作可乐时，需要将二氧化碳（CO_2）气体注入液体中，然后将液体进行高压处理，防止气体逸出。直到把可乐瓶子打开，你才听到与众不同的嘶嘶声。可乐瓶子打开时，二氧化碳会变成泡泡，上浮到液体表面，离开瓶子，飘到空气里。这就是为什么你在喝完可乐后会打嗝，因为你肚子里的气压低，使得二氧化碳能够脱离液体。

了解物质的状态，明白物质在粒子层面（原子或分子层面）是如何表现的，这对化学家和物理学家来说非常重要，可以帮助他们探索身边的世界。

固体

固体里的原子或分子（见第58页至59页，以及第70页至71页）是相互接触的，换句话说，它们是动不了的。所以，固体有着固定的体积和形状。虽然这些粒子无法移动，但是它们仍然可以产生轻微的振动。

液体

液体中的粒子更自由，它们可以互换位置、随意流动。这些微观粒子的自由运动的表现为：液体可以被倾倒；当液体被倒入容器时，它会适应容器的形状。

气体

气体中的粒子相距非常远，它们不像固体中的粒子紧密相依，也不像液体中的粒子在彼此周围流动。气体中的粒子会随意地四处弹跳、互相撞击，还会撞上容器壁。与同温度下的固体和液体相比，气体体积大、密度低，所以质量很轻。因此，可乐中的气泡会浮到可乐的表面。

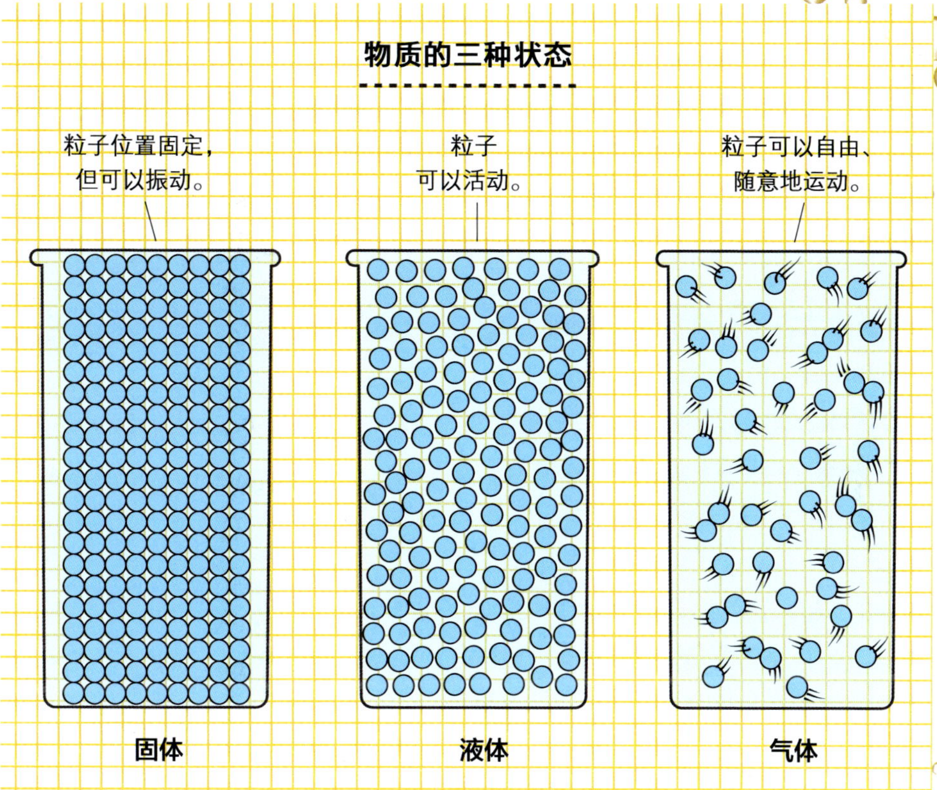

物质状态的改变

通过加热，一种物质可以从固体变成液体，从液体变成气体。但这不意味着气体的温度永远高于液体。不同的物质会在不同的温度下改变状态，比如同样处于室温下，二氧化碳是气体，而水却是液体。物质在特定温度下的状态取决于该物质中的粒子的大小、形状与电荷。

物质的升华

部分物质可以从固体直接变成气体，这个过程称为升华。水就是可以升华的物质。你或许发现了，冰箱里的冰块会缓慢（非常非常慢）地缩小。这是因为，部分水分子以气体的形态逐渐脱离了冰块。

探索发现：如何轻松倒出瓶子里的番茄酱

在前一小节中，我们探索了固体、液体与气体，但是，实验还没有结束呢！有些物质是非常奇怪的，有的时候光靠观察和触摸，我们也不能确定一种物质究竟是固体、液体还是气体？

虽然塑料瓶不论看上去还是摸上去都像固体，但其实它们是由非常复杂的材料组成的。塑料由数量巨大的粒子组成，这些粒子连接而成的长链可以自由运动，就像液体中的粒子一样。不过，这些长链太长了，它们会纠缠在一起。这就好比你放在口袋里的耳机线总会打结成一团。塑料瓶中的粒子紧紧地纠缠在一起，因此塑料瓶呈现出固体的形态。

再举一个例子，用于铺路的沥青也是一种伪装成固体的液体。1927年，澳大利亚的托马斯·帕内尔教授把沥青放在了一个漏斗里，然后静静等待。慢慢地，“固态的”沥青开始滴下漏斗，每一滴都花了很长很长的时间才滴下来。这个实验已经进行了90多年，可是这种超级黏稠的液体仅仅滴下了9滴！

沥青实验

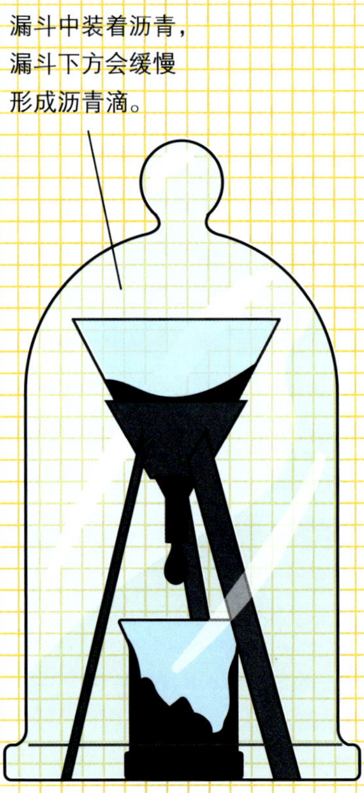

非牛顿流体

有些液体很神奇，当你对它们施加不同大小的力时，它们的状态也会发生改变。这些液体被称为非牛顿流体。非牛顿流体的状态是更像固体还是更像液体呢？这取决于它们所受的力。受到大力击打时，有些液体会表现得更像固体，而有些液体的流动性则会增强。

番茄酱就是一种非牛顿流体。番茄酱受到外力时，流动性会增强。你可能已经发现了，在往热狗上倒番茄酱的时候，番茄酱总是出不来。而如果摇晃瓶子，番茄酱又会溅得到处都是。存放在瓶子里的番茄酱非常浓稠，当你摇晃瓶子时，浓稠的番茄酱会暂时稀释，流出瓶子。

墨尔本大学的工程师曾做过一项研究，探讨把番茄酱弄出瓶子的最好方法。他们发现最好的方法是把盛番茄酱的瓶子放在食物上方，与食物呈45 °夹角，然后轻轻地拍打瓶子，并逐渐加大力度，直到番茄酱流出。现在，许多生产商已经改用了可以挤压的塑料瓶子来装番茄酱，解决了番茄酱不方便倒出来，一倒出来又弄得到处都是的问题。

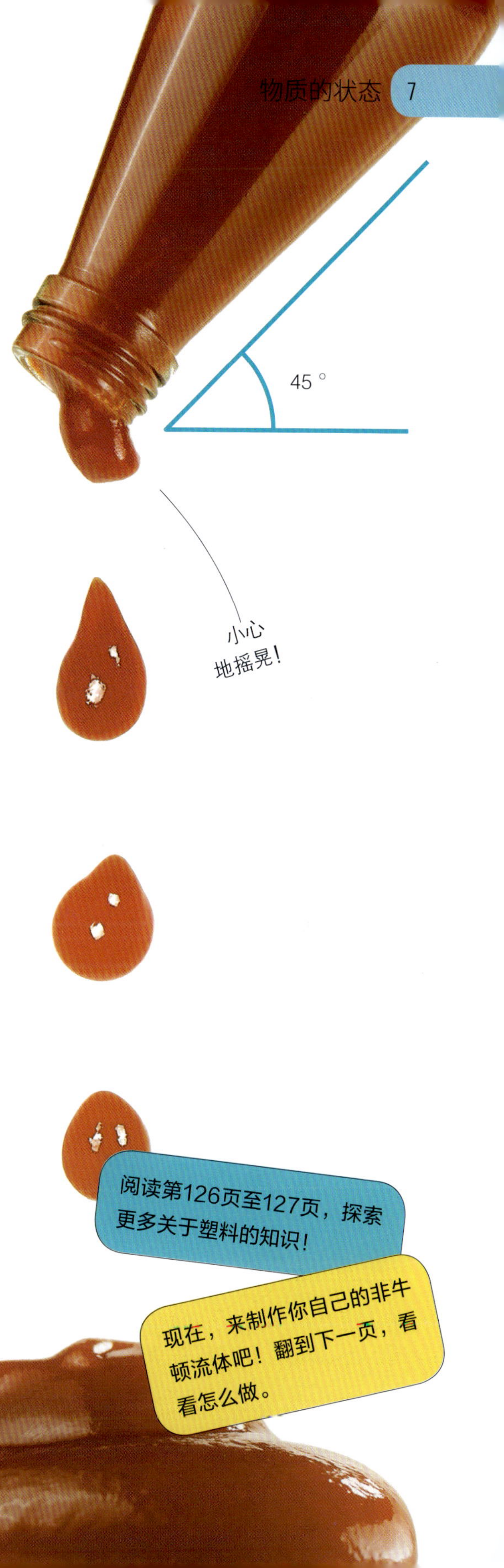

阅读第126页至127页，探索更多关于塑料的知识！

现在，来制作你自己的非牛顿流体吧！翻到下一页，看看怎么做。

做实验：非牛顿流体

读完前面的章节，你已经知道了，当你对某些液体施加大小不同的力时，这些液体的状态会发生改变。现在是时候验证一下新的知识了。在这个实验里，你将制作出非牛顿流体（“史莱姆”！），看一看它会有哪些不同的反应吧。小心，这个实验会把周围弄得乱糟糟的！

你需要：

· 大搅拌碗

· 300至500 g 玉米淀粉

· 400至600 mL 水

怎么做：

1.找一个干净平整的地方做实验，因为这个实验会把周围弄得乱糟糟的！在操作台上放一些旧报纸、旧杂志，或者塑料薄膜，这样打扫起来会更方便。

2.把玉米淀粉倒入搅拌碗中（倒入的玉米淀粉越多，你就能获得越多的“史莱姆”）。留下75g玉米淀粉备用。用手把大

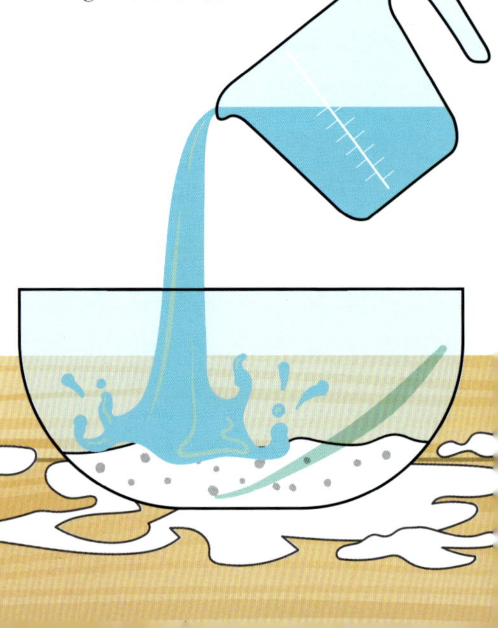

块的淀粉打散。

3.缓慢倒入清水，每100g淀粉需要大约75mL水。倒入200mL水，用手搅拌均匀。继续缓慢倒入清水并搅拌，直到混合物变得黏稠，但仍具有流动性。

4.如果混合物太稀，那就再加入一些备用的淀粉吧。

验证时刻

首先，用力击打混合物，并快速收回拳头。你会觉得自己仿佛击打在固体上，而且不会溅起任何水花！然后，试着慢慢把手放进混合物里，让手缓缓下沉。

玉米淀粉混合物受到快速击打时，它会变得像固体一样；而当这股突然的力量消失后，它就会恢复成液体。你甚至可以用手舀起混合物，把它快速地揉成球。一旦你停止了搓揉的动作，它又会变回液体。

发生了什么？

你刚才制作的溶液，其实是由玉米淀粉的大分子组成的黏稠的悬浮液。当液体缓慢流动时，液体中的粒子还可以自由活动。但是，当混合物遭到快速击打时，粒子就无法及时躲开了。

想象一下，你现在着急去厕所，但是有一群人挡在你的面前。如果你使出全力，快速奔跑，你只会撞到别人身上，跑不了多远。但是，如果你慢慢走进人群，大家就会给你让出一条路，让你通过。

探索发现：冰块的惊喜

炎炎夏日，来杯冰镇饮料，实在清爽消暑。往杯子里加些冰块，它们会生成许多气泡，发出独特的嘶嘶声响。人们再咔咔地嚼碎冰块，真令人心满意足。不过，对化学家来说，冰不仅仅是消暑利器，更是会带来惊喜、令人着迷的东西。

冰让人惊喜的原因之一在于它会浮起来！这一点乍听上去好像没什么意思，但其实，冰作为固态的水，是一种非常特殊的物质，它的密度小于液体形态的水的密度。在第4页至5页中，我们已经说过，固体里的粒子是紧密堆积的，而液体里的粒子有着更多的自由活动空间。在绝大部分情况下，液体里粒子间的空间更大，也就是说，液体的密度更小。而冰却是一个例外。

要想知道为什么冰的密度比液体状态的水更小，我们需要从物质中的原子入手，了解它们是如何排布成分子的。水分子（H_2O）由1个氧原子和2个氢原子组成。氧原子在中间，氢原子分布在两边。氧原子与氢原子的性质有较大差异，它们结合成的水分子会带有少量电荷。

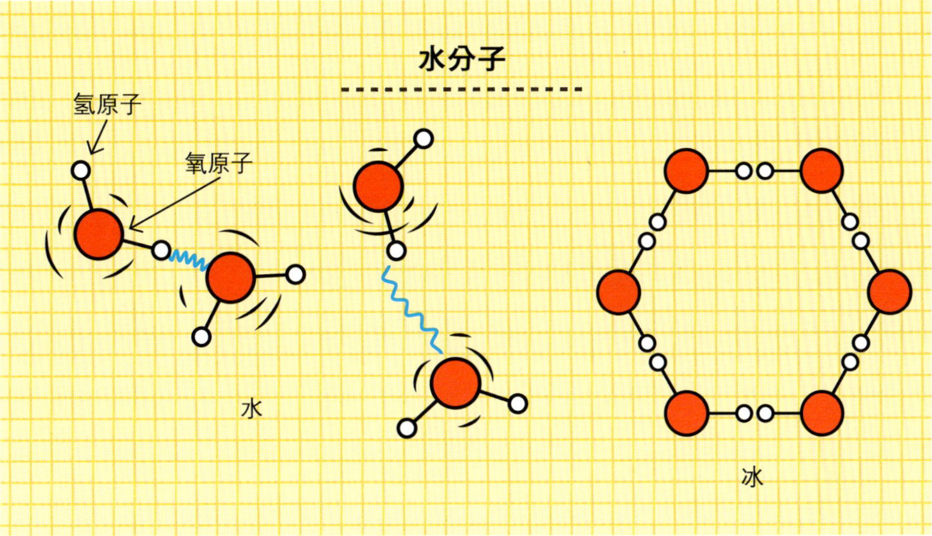

其中，氢原子会带着少量正电荷，氧原子则会带着少量负电荷。由于正负电荷会相互吸引，所以一个水分子中的氢原子会与另一个水分子中的氧原子相互吸引，这样的吸引力被称作氢键。在室温下，水分子由于热能的作用而剧烈振荡，脆弱的氢键无法维持太长时间，于是水分子就会四散开去。但是在4℃时，事情发生了变化。

六边形图案

随着温度降低，水分子的运动变得平缓，氢键的持续时间稍微拉长。4℃时，氢键的力量强度超过了由热能引发的振动的强度。于是，水分子开始有规律地排列组合在一起。水分子的形状就像英文字母“V”。在氢键的作用下，多个水分子会排列成一个六边形。此时，水分子的分子间距大于液态时的分子间距。而在0℃时，液态水会结成固态冰。此时，固态冰的密度比液体水的密度小8.3%。这就是冰能浮在水面上的原因。

正是因为这个原因，海洋不会从底部向上结冰，而冰山可以浮在海洋表面，这有助于控制海平面的高度。当然最重要的是，有了冰，我们就能在炎炎夏日喝一杯冰凉沁爽的可乐了！

学习了解：厨房里的化学

突击测试！测一测你的化学综合知识。有些问题，可以提前读读后面的章节寻找答案哟。

突击测试：厨房里的化学

1.碳酸饮料里的泡泡是哪种气体?

a）氧气

b）氮气

c）二氧化碳

d）一氧化二氢

2.泡打粉由碳酸盐、酸及填充剂混合而成，可以使面包变得蓬松。在这个重要的化学过程中，发生了什么？（可以提前阅读第38页找找答案。）

a）泡打粉与面包中的糖发生反应，生成了二氧化碳

b）酸性的泡打粉与中性的水发生反应，生成了氧气泡

c）泡打粉受热时迅速膨胀，冷却至室温时又迅速收缩，留下了小气孔

d）遇水时，泡打粉中的干性材料会与水发生反应，释放出二氧化碳

3.美拉德反应在烹饪中极为重要，这种反应是怎么回事呢？（阅读第23页寻找线索。）

a）这种反应发生在糖和氨基酸之间，会使食物变成棕色

b）这种反应分解了潜在的有害细菌

c）这种反应会让水分蒸发，使食物表面变得焦脆

d）这种反应软化了蛋白质，使肉变嫩

4.咖啡因不仅存在于茶、咖啡及可乐中，还存在于超过60种的植物里。为什么咖啡因会存在于植物里呢？（阅读第102页。）

a）咖啡因能让植物生长得更快

b）咖啡因对啃食植物的害虫具有天然威慑力

c）咖啡因能够强化细胞壁

d）咖啡因是花粉产生时的副产品

5.微波可以快速加热食物，为什么呢？（读一读第22页至23页）

a）困在食物里的空气分子吸收了微波并快速运动

b）微波打破了食物中的化学键，释放出能量

c）微波使粒子离子化（产生了电荷）

d）微波使水分子高速转动，产生更多动能（热量），从而加热食物

（答案见144页）

学习了解：物质和状态

完成以下挑战，测试你对物质及它们的状态有多了解。把左边的名词与右边对应的解释连在一起。

1.非牛顿流体

2.塑料

3.升华

4.气体

5.固体

6.液体

a.它由会缠在一起的粒子长链组成。

b.它的粒子可以自由随意地运动。

c.它更像固体还是更像液体，取决于受到的外力。

d.它的粒子相对紧密地堆积在一起，但依然可以活动。

e.从固体直接变成气体的过程。

f.它的粒子紧密地堆积在一起。

（答案见144页）

做实验：会膨胀的冰

通过这个实验，你能测量出当水变成冰时密度的变化。为了测量密度的变化，你得先把水冻起来，测量体积的变化。

你需要：

- 500mL塑料量杯
- 250mL量杯
- 水
- 冰箱

请务必在成年人陪同下进行实验

怎么做：

1.把350mL室温水倒入500mL塑料量杯中。

2.把量杯小心地放进冰箱冷冻室，确保放平（可以找成年人帮忙）。

3.等水完全冻住后，取出量杯，测量冰块的体积。此时，冰块的表面是不平整的，若想计算出冰块的体积，我们需要添加一个步骤。

4.把量杯放在室温环境下5~10分钟后，这么做可以避免往量杯中加水时产生热冲击（温度急剧变化时产生的大量热交换），使量杯破碎。

5.往量杯中加入冷水，加至500mL刻度线。然后，把你刚才加的水倒入250mL的量杯中，记录这部分水的体积。（$1mL=1cm^3$）

6.冰块的体积等于500mL减去你后来加入的水的体积。

注意：温度急剧变化时，玻璃量杯会破碎。建议使用牢固的塑料量杯。

测量密度

密度（ρ）等于质量（m）除以体积（V）。

公式是：

$$\rho = \frac{m}{V}$$

$$\rho = \frac{\text{质量（单位：克）}}{\text{体积（单位：立方厘米）}}$$

在实验开始时，你已经测量过水的容积。而且你用的是水，那么你应该已经知道水的质量了。通常在室温下，1mL水的质量等于1g。所以，如果你使用的水是350mL，那么它的质量便是350g。

在代入公式前，你得先把毫升（mL）换算成立方厘米（cm^3）。幸运的是，1（mL）就等于1（cm^3）。因此，直接使用你测量的数字就可以了。

代入公式，计算水的密度：

$$\rho = \frac{350}{350}$$

$$\rho = 1\,g/cm^3$$

接下来，计算出冰的密度（只要你没有把水洒出来，那么冰的质量应该等于水的质量）。

代入公式，计算密度的变化：

$$\text{密度减小百分比} = \frac{\text{水的密度}-\text{冰的密度}}{\text{水的密度}} \times 100\%$$

据计算，冰的密度比水的密度小8.3%，你算出来的答案有多接近呢？在实验中，有哪些地方可能会出现错误，又有哪些不确定因素呢？

做实验：过冷的水

这个实验有些难度，但是完成后会很有满足感！如果成功了，你就能亲眼看见一瓶水在瞬间凝固成冰！首先，你需要让水的温度低于凝固点，但是又不能让水真的凝固起来。

在寒冷潮湿的环境里，水一旦结成冰，体积就会快速膨胀。但是，结冰却不是一件容易的事情。结冰需要辅助条件，这个条件可以是一个微粒，也可以是一个粗糙的表面。有了这些可以附着的东西后，水才能结冰。

你需要：

- 3瓶500mL的塑料瓶装水（矿物质含量越低越好）
- 锤子
- 大塑料袋或帆布袋
- 300g盐
- 桶
- 3kg冰块
- 木棍
- 温度计（推荐使用，但不是必需的）

怎么做：

1.把冰块放进大塑料袋或者帆布袋里，用锤子把冰块敲碎。最好在户外坚实的地面上进行这一步，并请成年人帮忙。

2.把碎冰块倒进桶里，加入自来水，水面高度达到碎冰块的一半。

3.往桶里撒入300g盐，用木棍搅匀。

4.把三个塑料瓶放进桶里，让冰块把塑料瓶包围起来。

5.把温度计（如果你有的话）也插进冰里，位置和深度要和塑料瓶差不多。

6.从现在开始，一定不要让塑料瓶发生任何移动。

7.等待30至45分钟，或者等到温度计显示温度低于-6℃。

8.小心地、慢慢地拿出其中一个塑料瓶。虽然温度低于0℃，但是瓶子里的水应该还是液体。

9.把瓶子重重地砸在桌子上。如果你刚才成功地让瓶子里的水过冷了，那么这个时候，水会瞬间结冰。如果没有成功，就再等10分钟，然后用第二个塑料瓶试一试。

发生了什么？

重击桌子产生的力足以让一些凝结核冰粒子形成。一旦有冰粒子形成，整瓶水就会在瞬间结冰。

当你掌握了要领后，试着小心地打开一瓶过冷的瓶装水，把水倒入装满冰块的玻璃杯里，看看会发生什么。

冷云

在大气层中，水往往需要辅助才能结成冰。高空云朵里的小水滴，它们在气温低至-30℃时才会结冰。然而，如果空气中含有尘土，那么这些小水滴即使在更高的温度下，也能结冰。尘土颗粒有助于冰的形成。

做实验：罐子里的云

阳光照在海洋上，海水受热形成了水蒸气，随后水蒸气被风吹向高空。高空中充斥着无数的尘粒、烟粒及盐粒，水蒸气遇冷凝结在这些微粒上，形成了小水滴，于是就形成了云。

有了空气中的粒子，比如尘粒，云朵才能形成。

在风的帮助下，这些小水滴得以停留在大气层里，组成了云。当海洋中越来越多的水被蒸发，遇冷凝结，加入小水滴的队伍时，云朵就会变得越来越庞大。最终，小水滴会变得太大、太沉，无法再停留在空中。这个时候，它们就会从空中掉落。下落时，小水滴会相互融合，变成大水滴，最后形成了雨。一朵云可以产生的雨水量，取决于这朵云的大小和含水量。

黑压压的乌云的含水量高于蓬松的白云，这就是为什么乌云漫天的时候会下大雨。光是一朵乌云能产生的雨水就超过了5亿 cm^3。

通常来说，云朵形成于远离大陆的海洋上方，然后才被吹到大陆上方。但是，我们也可以在一个罐子里观察小规模的云朵形成的过程。

你需要：

- 带盖子的耐热性小玻璃罐
- 热水
- 冰块
- 发胶

请务必在成年人陪同下进行实验

怎么做：

1.拧开玻璃罐的盖子，把盖子翻过来，在上面放三到四块冰块。

2.倒半罐刚烧好的热水，可以找成年人帮忙（可以先将玻璃罐过热一遍，使其内外受热均匀）。

3.把装着冰块的盖子放在罐子上面。

4.等待5分钟，看看发生了什么？

5.把罐子清空，然后重复上面的实验步骤。但这一次，除了倒入半罐刚烧好的热水外，再往罐子里喷一点发胶，然后把装着冰块的盖子放在罐子上方。

6.等待5分钟，看看这一次发生了什么？

发生了什么？

在第一次实验里，热水的水蒸气接触到盖子后，遇冷凝结，在盖子下方形成了小小的水滴。可即便如此，你也不会看到云。而在第二次实验里，你应该会在罐子的顶部看见云朵。这是因为，发胶起到了和大气层中的灰尘相同的作用——水蒸气接触到冰冷的盖子时，遇冷凝结在灰尘粒子上，形成小水滴。如果把盖子拿开，你就会看见云朵飘走了。

做实验：冰和油

往饮料里加冰块时，冰块会浮起来，然后渐渐融化。但是由于可乐的主要成分几乎全是水，所以我们无法看见融化的冰块与杯子里的饮料混合在一起的过程。而在这个实验中，我们会用一层油把水和冰隔开，你就能非常清楚地看见水和冰的密度差别了。

水和油是无法混溶的。在本书的第10页至11页，我们已经说过，水分子由1个氧原子与2个氢原子组成，呈V字形。水分子是极性分子，也就是说，它的一端带负电荷，另一端带少量正电荷，电荷的分布是不均匀、不对称的；而油分子由长长的碳链组成，是非极性分子（或者说，它的极性小于水分子）。

极性分子和极性分子会互相吸引，所以水分子也喜欢紧紧地聚在一起。当你拿一种非极性液体与水混合时，水分子的不对称电荷会让水分子之间相互吸引，同时水分子会被非极性液体排斥。

水和油是无法混溶的，密度小的液体会浮在密度大的液体上面。多数植物油的密度小于水，因此在这个实验里，植物油会浮在水的上面。而冰的密度小于水，也小于大多数植物油，所以冰会浮在油上，而油会浮在水上。

长链油分子

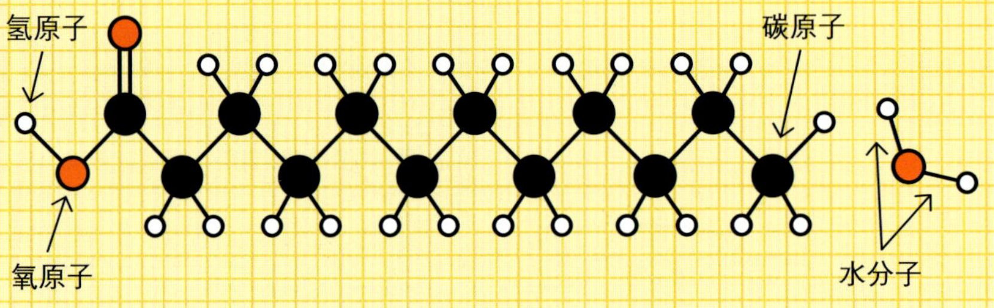

你需要：

- 细长的透明杯、透明管或透明量筒
- 200mL植物油
- 200mL水
- 红色或蓝色的食用色素（不是必需的）
- 冰格（以及用来冻冰的水）

怎么做：

1.使用冰格制作冰块（用食用色素为冰块染色能让冰块更加显眼，但这一步不是必需的）。

2.把水和植物油倒入透明容器中，静置分层，等待油浮到水的上面。

3.把完全冷冻的冰块倒入油里。冰块应该会浮在接近油层表面的地方。

4.冰块开始融化时，请仔细观察。冰块融化而形成的水滴由于密度更大，它会穿过油层，汇入下方的水中。

5.最后，当大部分冰块都开始融化时，水滴的重量会把冰块往下方拖拽。当水滴离开冰块后，冰块会再一次浮起来。

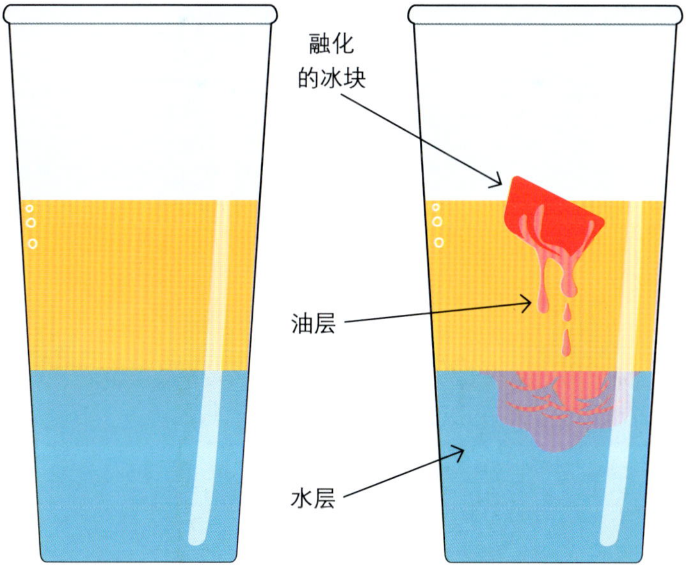

探索发现：疯狂旋转的热水

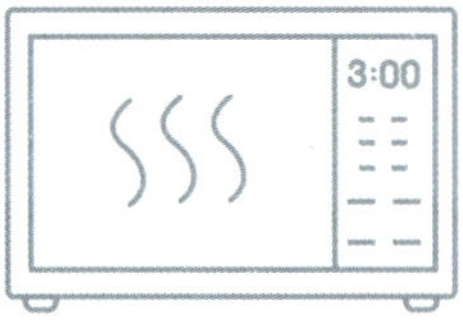

厨房里有各种各样的加热电器，最神奇的当属微波炉了。微波炉巧妙地利用了物理和化学原理，在几分钟内就能加热食物。这一小节将带你认识神奇的微波炉。

首先，我们需要明白，微波是一种看不见的波，是电磁波谱上的一部分。电磁波谱涵盖了一系列不同能量的波，从低能量的无线电波，到不同颜色的可见光，再到高能量且危险的伽马射线 。

由于微波可以加热食物，所以你或许会认为它携带高能量。但其实，微波的能量仅比每天环绕在我们周围的无线电波高一点点。那么，这些低能量的微波是怎么产生如此巨大的作用的呢？要想明白这一点，我们得再将目光转移回到水分子上。

极性分子

回忆一下，水分子是由1个氧原子和2个氢原子组成的。原子——尤其是水分子中的原子，它们在结合时，往往会因为电子产生激烈竞争。氧原子对带负电荷的电子极为渴望，会把它们从氢原子身边抢走。

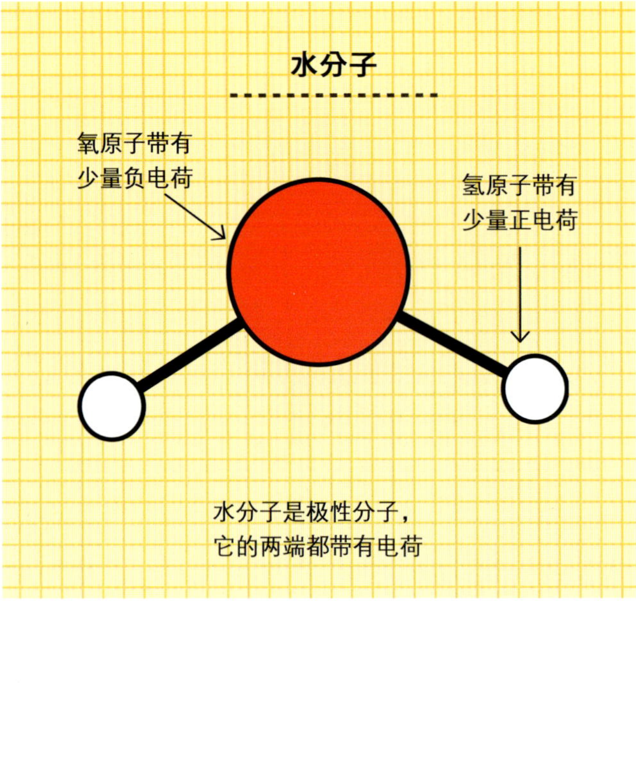

但是，氧原子还不够强壮，无法把电子从氢原子身边完全抢走，只能把它们拉得离自己更近一些（这个过程称为离子化）。这就意味着，水分子变成了极性分子，一端带有少量负电荷，另一端带有少量正电荷。

当极性分子遇上微波时，有意思的事情就发生了。波的方向是不断变化的，而分子会跟随着波不断翻滚，好让自己排列整齐。

于是，水分子在1s内就会旋转20亿次。而物质中粒子运动速度的快慢表现为热能，也就是说，微波可以让水在非常短的时间里变得滚烫。

微波炉 vs 烤箱

微波炉加热速度快，但加热质量却比烤箱逊色不少。常规烤箱烘烤食物的温度超过100℃。如此高温足以让食物产生美拉德反应——一种发生在羰基化合物（还原糖类）和氨基化合物（氨基酸和蛋白质）之间的反应，会让食物变成棕色，增添风味。由于微波炉的加热原理依靠的是食物中的水分子高速转动，而水分在高温下会蒸发，所以微波炉很难让食物的温度超过100℃，美拉德反应也就无法发生了。

翻滚的水分子

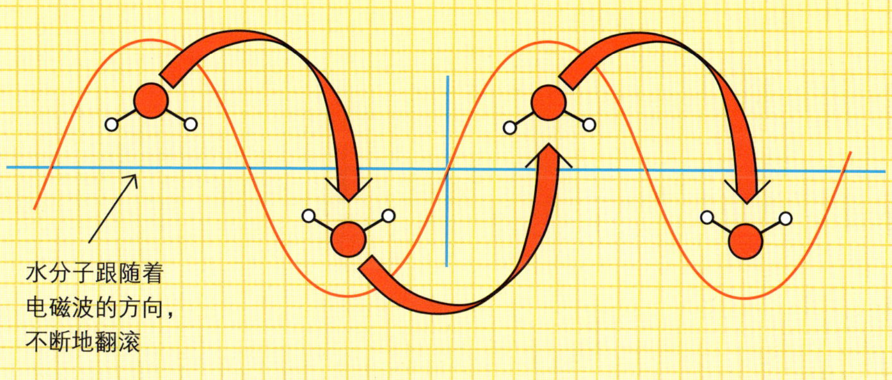

做实验：用空气压扁一个饮料瓶

要想饮料中有气泡，那就必须把饮料封存在高压环境下。但是，大自然并不喜欢压力差，还会想方设法地消除压力差。比如，气球会漏气，自行车轮胎要用气泵充气，飞机在高空上时耳朵会不舒服，等等。

当你打开一瓶可乐，听到那独特的嘶嘶声时，可乐瓶里的压强就已经和房间里的空气压强相平衡了。一瓶没有开封的可乐，是很难被压扁的，因为里面封存着较大的压强。而当这瓶可乐被打开后，要压扁它就容易多了。

在这个实验里，你将压扁一个塑料饮料瓶，你唯一的工具是房间里的空气气压。

你需要：

- 空的塑料饮料瓶
- 漏斗
- 大塑料碗
- 冰块
- 半杯热水（不是沸水）
- 一壶冰水

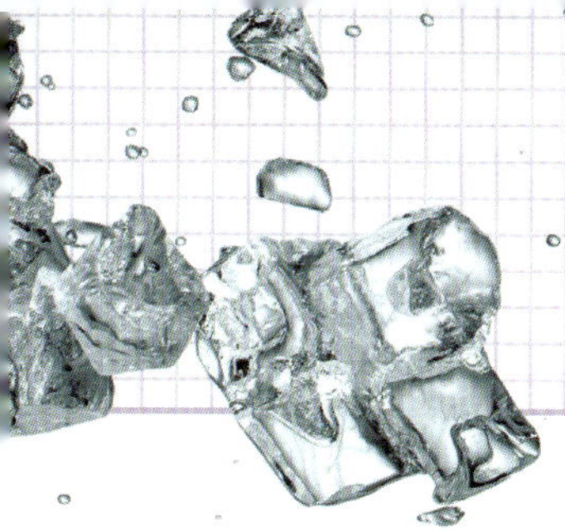

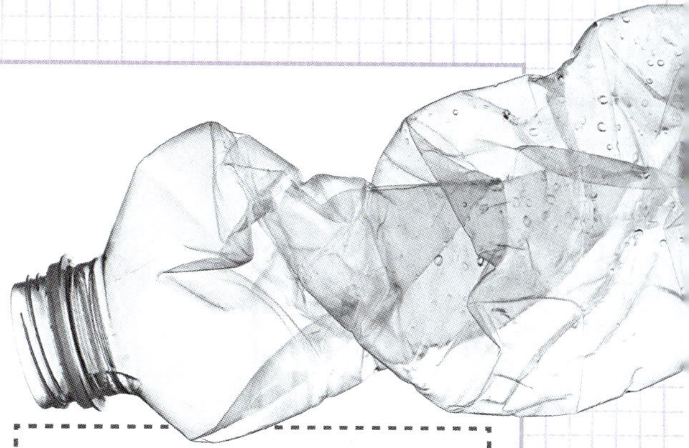

怎么做：

1.把空塑料瓶竖立在大碗里，再把漏斗插进塑料瓶中。把半杯热水通过漏斗倒入瓶子里，水面高度大约为2.5cm。

2.静置几分钟，热水会令瓶中的空气升温，让瓶里瓶外的压强相等。然后，盖上瓶盖。

3.在大碗里铺一层冰块。

4.把塑料瓶放倒在大碗里，再铺上更多的冰块。然后，把那壶冰水浇在塑料瓶上。

发生了什么？

塑料瓶应该会很快地凹陷下去。原因在于，冰块和冰水会让瓶子里的暖空气变凉，瓶内空气中的气体粒子的活跃度就会降低。因此，它们施加在瓶身上的压力会变小。这个时候，瓶外空气的压力大于瓶内空气的压力，这个压力差足以让塑料瓶凹陷。

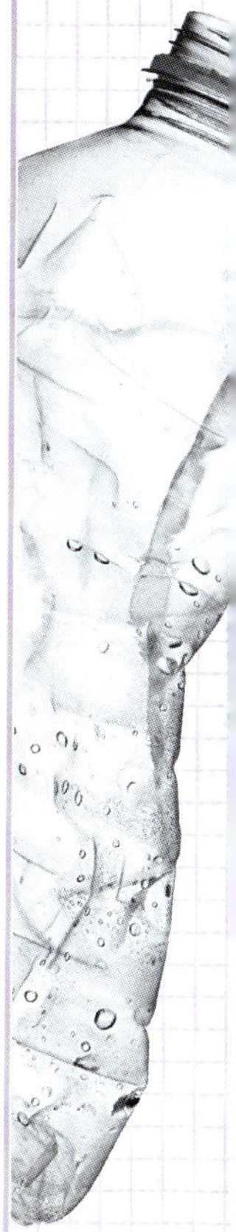

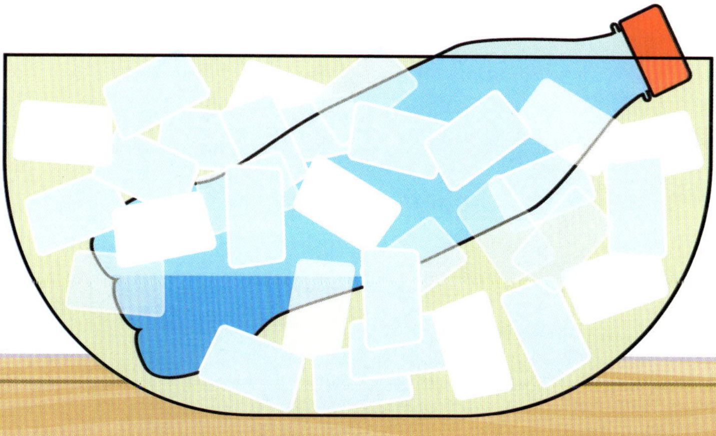

做实验：笛卡尔潜水员

把可乐装在加压的密封容器里，这是保持可乐气体不逸出的好方法。但是，我们必须谨慎对待这些加压容器。数百年来，科学家做了许多实验来研究压力，其中就包括了最古老的科学创新实验之一——笛卡尔潜水员。

早在400多年前，笛卡尔潜水员实验就已经有了记载。压力的变化会带来哪些物理影响？直到今天，笛卡尔潜水员实验仍是探索这个问题最简单、最直观的实验之一。在这个实验中，你将会制作一个小型潜水装置。压力增强时，这个装置就会下潜。实验的第一步就是制作这个“潜水员”。

你需要：

· 笔帽

· 橡皮泥或黏土

· 2L容量的空饮料瓶

· 水

怎么做：

制作“潜水员”

1.用橡皮泥或黏土封住笔帽顶部（不是装笔的那一端）。

2.在笔帽的底部也粘上一些橡皮泥或黏土，豌豆大小就足够了。注意，不要把底部封死。第二块黏土会让“潜水员”变得更重一些。

测试“潜水员”：

1.把饮料瓶装满水，再把笔帽底部朝下放进瓶子里。困在笔帽内部的气泡会让笔帽浮在水中。

2.如果笔帽沉底，那就拿掉底部的一些黏土；如果笔帽一下就浮起来了，那就多加一些黏土。最好让笔帽处于勉勉强强能浮起来的状态。

3.确保饮料瓶仍然是装满水的，拧紧瓶盖。

4.轻轻地挤压瓶身，观察发生了什么。

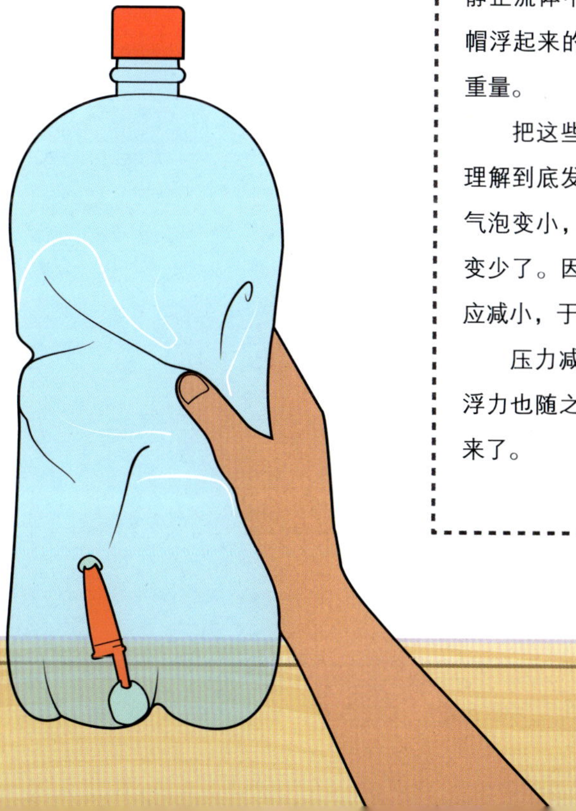

发生了什么？

如果你挤得足够用力，“潜水员”就应该会沉到瓶子底部。当你停止挤压瓶子时，“潜水员”应该会上浮到瓶子顶部。

在这个实验中，两大重要科学原理发挥了作用：波义耳定律和阿基米德原理。波义耳定律告诉我们，气体受到的压力增多时，体积会减小。也就是说，当你挤压塑料瓶，增加了瓶内的压力时，笔帽内的气泡里的气体体积就会减小，气泡也就变小了。

阿基米德原理则告诉我们，浸入静止流体中的物体受到的浮力（让笔帽浮起来的力）等于物体排开的液体重量。

把这些因素结合在一起，你就能理解到底发生了什么。压力增加导致气泡变小，也就是说，笔帽排开的水变少了。因此，笔帽受到的浮力也相应减小，于是就会下沉。

压力减小会使得气泡体积增大，浮力也随之增加，笔帽就又重新浮起来了。

学习了解：测试温度

你对温度的了解有多少？

1.往饮料里加入冰块，饮料温度会降低。为什么？

a）冰块吸收了热能

b）液体吸收了冰块的部分冷度

c）冰块融化，稀释了饮料

2.在玻璃杯里放些冰块，然后往杯子里倒满可乐。冰块融化时，会发生什么？

a）什么也不会发生，杯子仍然是满满的

b）杯子里的可乐会溢出来

c）杯子里的可乐会变少

3.加热后，物质可以从固体变成液体，从液体变成气体。因此，气体的温度永远高于液体。这个说法正确吗？

4.冰的密度比水的密度小多少？

a）3.5%

b）8.3%

c）12.8%

d）15.2%

（答案见144页）

学习了解：让温度再升高一点

试着回答以下关于加热、冷却及物质状态的问题。

突击测试：加热和冷却

1.水蒸发时，下列哪一项不会发生？
a）体积增大
b）密度变小
c）粒子可以更自由地运动
d）原子间的化学键被破坏

2.番茄酱是一种非牛顿流体，因为：
a）番茄酱结冰时，密度会变小
b）番茄酱结冰时，不会形成晶体
c）受到外力时，番茄酱的密度会变化
d）番茄酱无法被压缩

3.将下面四个选项，按照正常状态下的密度，从大到小排列。（小提示：谁会浮在最上面？）
a）空气
b）水
c）冰
d）植物油

4.气体被压缩时，下列选项会增大还是减小？
a）体积
b）压力
c）密度
d）粒子间距

5.什么是阿基米德原理？
a）浮力等于被排开的液体的重量
b）质量大的物体，如果表面积也大，那它就能浮起来
c）气体在水下的深度越深，就会被压缩得越厉害
d）物体浸没在水里时，看起来更大

6.下列哪一个选项是关于极性分子的描述？
a）它的原子含有不同数量的质子
b）它的原子带有电荷
c）它的电子分布不均匀，导致局部带有电荷
d）它是有磁性的

7.水分子遇上微波时，会发生什么？
a）水分子会离子化，分解成带电荷的粒子
b）水分子的化学键会被拉伸并弯曲
c）什么也不会发生，粒子不会发生反应
d）水分子会旋转

8.微波炉无法加热玻璃，为什么？
a）微波炉通过微波与极性水分子发生反应，加热食物。玻璃中没有极性分子，微波便没有了可以与之发生反应的物质
b）玻璃粒子不能自由运动，所以无法有效地被加热
c）玻璃不是良好的热导体
d）玻璃是透明的，微波会直接穿过它

9.为什么微波炉加热无法产生美拉德反应？
a）微波炉加热食物时，是从里往外加热的。也就是说，食物的表面最后才被加热
b）微波炉依靠水分子进行加热，加热温度不够高
c）微波炉检测到食物烧焦时，会自动关停
d）美拉德反应速度慢，而微波炉加热得很快，时间不够长

（答案见144页）

第二章

溶液

探索发现

学习了解

做实验

探索发现：认识浓度

世界各地的人都爱可乐的香甜以及那丰富的气泡。可乐配料的平衡至关重要，任何核心原料稍多一些或稍少一些，可乐的味道或许就会被毁了。可乐好喝的关键，不仅仅在于原料，更在于原料的浓度。

物质（溶质）溶解于液体（溶剂）中，形成溶液。虽然各国标准稍有不同，但一瓶330 mL的可乐，通常含有35 g糖（糖是溶质，水是溶剂，可乐是溶液）。

在化学中，浓度的计算是最基础，也是最重要的概念。计算浓度的方法有许多种。通过浓度，我们可以知道，溶液中某种物质的含量在溶液里的占比是多少。这个信息对于化学家非常重要。因为他们可以通过浓度知道该种溶液会发生什么反应。浓度对于饮料生产商也同样重要，因为浓度几乎决定了饮料的口味！

以浓度最简单的定义举例，浓度等于溶质（比如糖）的量除以溶液（比如可乐）的体积。实际运用时，我们可以使用不同的方法来计算浓度，这取决于哪种方法最有用。

如果用溶质的量（单位：g）除以溶液的量（单位：L），你就可以计算出以克每升（g/L）为单位的浓度。或者，你也可能想知道，溶液中的物质的量是多少（阅读第34页至35页，了解摩尔）。

水和果汁

想象一下你有两个桶，一桶水和一桶果汁。你舀起一杯水，倒进果汁桶里。然后，你又从果汁桶里，舀起一杯同等体积大小的果汁溶液，倒进水桶里。两个桶里的液体体积没有变化，但是，哪一桶里的溶液更纯呢？（也就是说，哪一桶中，单一物质的比例更高？）

水桶？再想想。

果汁桶？也不对。

两个桶的纯度是相等的！

我们再用弹珠举个例子，或许更好理解。现在，你有100颗红色弹珠和100颗白色弹珠。你舀起一杯红色弹珠，把它们倒进白色弹珠桶里。然后，你又从白色弹珠桶里，舀起一杯红白相间的等量的弹珠，倒进红色弹珠桶里。假设你第一次舀起了20颗红色弹珠倒进白色弹珠桶，白色弹珠桶里的数量变成了120颗。于是，你需要从白色弹珠桶里随机舀出20颗弹珠倒回红色弹珠桶，才能让两个桶的弹珠数量相等。假设你从白色弹珠桶里随机舀出了15颗白色弹珠和5颗红色弹珠，倒入红色弹珠桶。现在，红色弹珠桶里共有85颗红色弹珠和15颗白色弹珠，而白色弹珠桶里共有85颗白色弹珠和15颗红色弹珠。两个桶所交换的弹珠数量是永远相等的；红色弹珠桶里的红色弹珠占比与白色弹珠在另外一桶中的占比完全相等！

液体的语言

溶质不一定是固体。如果你把两种液体混合在一起，体积较小的是溶质，体积较大的是溶剂。

混合弹珠

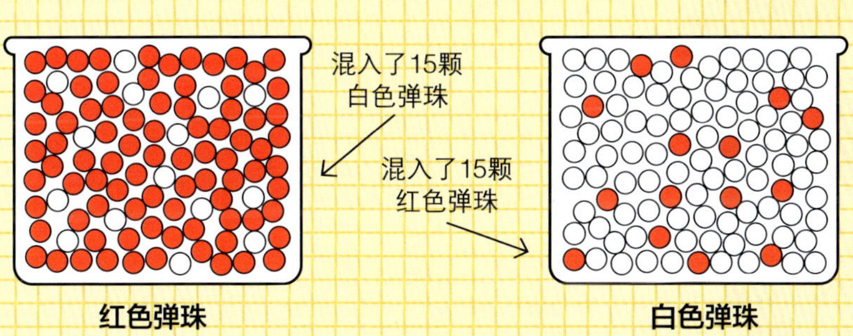

探索发现：大量的摩尔

在化学中，摩尔随处可见。不论你去到哪里，不论你研究的是什么领域，摩尔总会环绕在你的身边。但是，化学中的摩尔可不是毛茸茸的小动物，而是物质的量的国际单位。

化学家的工作涉及许多复杂的化学反应。他们不仅需要知道化学物质的质量与体积，还得知道化学物质中含有的微粒数量。这个时候，摩尔就派上用场了。

1mol的物质含有6.022×10^{23}个微粒，这个数字也被称为阿伏伽德罗常数。举个例子，1mol金子的质量是196.97g，含有6.022×10^{23}个原子。化学家通过摩尔这个非常有用的单位，能够把差异极大的物质放在一起作比较。

6.022×10^{23}是一个巨大的数字，为什么它如此有用呢？化学反应是微观的，我们必须知道化学物质中含有多少原子或分子，才能明白它们会与什么物质发生反应，以及如何发生反应。有了摩尔，我们就可以更方便、更直观地思考物质中含有多少微粒。

掌握平衡

假设你希望让A微粒与B微粒发生化学反应：让每1个A匹配1个B，并生成一个新的微粒。再假设，这两个微粒分别是金原子与氦原子，1个金原子匹配1个氦原子。当你拿出总质量相等的两种物质——10g金与10g氦时，问题就出现了。由于1个氦原子的质量小于1个金原子的质量，所以，氦原子的个数会远远多于金原子的个数。这时，你必须把质量换成摩尔，才能得出正确的匹配数值！

意大利科学家
阿莫迪欧·阿伏伽德罗
（1776—1856年）

获得纯粹的生成物

在刚才的例子中，当两种物质的总质量相等时，每1个金原子（黄圈）对应的是50个氦原子（黑点），氦原子的数量会多出许多。

然而，如果我们取相等的摩尔值，而不是相等的质量值时，我们就能让两种物质完全反应。

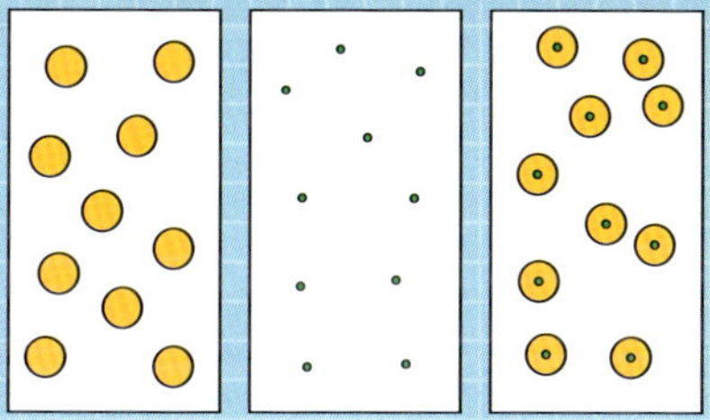

有多少摩尔?

为了计算物质的摩尔质量，我们必须先知道微粒的相对质量。每一个原子都有自己的相对原子质量，等于该原子的平均原子质量与一个碳-12原子质量的1/12的比值。当我们把一个粒子中的所有元素的相对原子质量相加，我们就能得到相对式量。

以水举例。水的化学式写作H_2O，也就是2个氢原子和1个氧原子。氢原子的相对原子质量是1，氧原子的相对原子质量是16，那么水的相对式量就是1+1+16=18。1摩尔某物质的质量等于该物质的相对式量，单位是克。也就是说，1摩尔水的质量是18g，而18g水含有6.022×10^{23}个水分子。

如果你想计算摩尔的质量，可以使用这个简单的公式：

$$\text{摩尔质量} = \frac{\text{物质质量（单位：克）}}{\text{相对式量}}$$

探索发现：各种各样的酸

恐怖电影里的酸，总是被装在可怕的大桶里，咕嘟咕嘟的泡泡可以瞬间分解一切。实际上，酸没有那么可怕，而且很有意思哟。

在厨房里仔细找找，你一定会找到许多酸。橱柜里的醋就是乙酸的稀溶液；橙汁独特的味道部分来源于柠檬酸，橙汁内还含有抗坏血酸，又称维生素C；可乐中含有磷酸、柠檬酸，以及碳酸，这几种酸都不能把东西瞬间分解，但对于牙齿来说，它们还是挺吓人的。

酸是什么？

如果你问化学家酸是什么，你可能会得到几个不同的答案。因为“酸”这个词语，涵盖了一系列化学性质。酸最常见、最简单的定义是，在水溶液中能够提供氢离子［也就是失去了电子的氢离子（H^+）］的分子或离子。

氯化氢（HCl）遇水会生成盐酸。让我们以水中的氯化氢为例子，来看看酸的表现。当你把氯化氢加入水中，氯化氢会分解成氯离子（Cl^-）和氢离子（H^+）。这两种离子都非常活泼。氢离子会与水发生反应，生成水合氢离子（H_3O^+）。氯化氢为水提供了一个氢离子，所以它表现出了酸的性质。

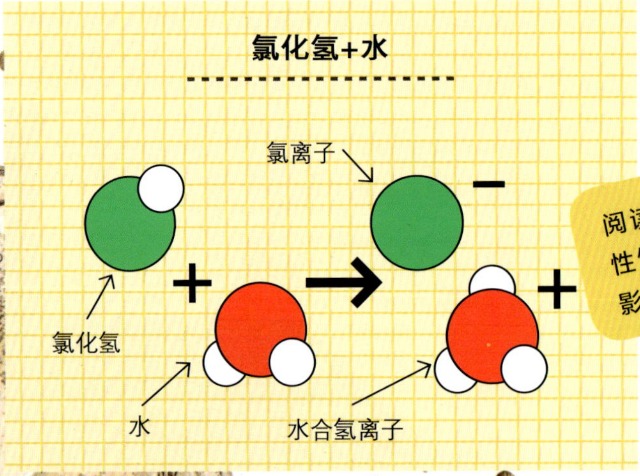

阅读第48页至49页，看看酸性饮料会对你的牙齿造成什么影响。

感受灼烧

有些酸对人体伤害非常大，因为酸中的氢离子和水合氢离子都非常活泼，所以酸具有腐蚀性。一种酸有多危险，主要可以从两个因素来判断：强度和浓度。

一种酸是强酸还是弱酸取决于它溶于水时是否完全电离。盐酸遇水后，几乎可以完全电离。也就是说，水里不会留下任何氯化氢分子，只剩下氯离子及氢离子或水合氢离子。因此，盐酸是一种强酸。而弱酸不论在任何时候，都只有部分分子会电离。

浓度是第二个关于酸的重要因素。高浓度的盐酸会灼伤皮肤，但是，如果把等量的盐酸放入泳池稀释，那么根本不会有人察觉盐酸的存在。你在家里能找到的酸大部分是弱酸，而且经过了稀释，所以它们并不是非常危险。比如说，大部分人家里都有白醋。白醋是一种弱酸（乙酸）的稀溶液，不论用于清洁还是烹饪，都是安全的。

虽然可乐中混合了三种酸，但是可乐中的酸和你肚子里的高浓度的盐酸（胃酸）是没法比的！

可乐含有磷酸、柠檬酸和碳酸。

探索发现：来点碱

晚餐时，你配着大量的麦芽醋，吃了许多腌菜和炸薯条，还喝了一瓶可乐和一杯橙汁，吃完这些酸性食物，你会胃疼，甚至还得吃些抗酸药！

吃多了酸性食物，酸会顺着食道向上蔓延，导致胃灼热。而抗酸药可以和酸发生反应，把酸中和掉（这个反应通常会产生气体，让你打嗝）。

把酸中和掉

化学家会使用碱来中和酸。如果说，酸是一种可以提供质子（H^+）的物质，那么碱就恰恰相反——它可以接收质子。让我们回到第36页的氯化氢的例子。氯化氢分子会分解成氢离子（H^+）和氯离子（Cl^-）。为了中和酸，我们需要把活泼的离子移除，而这正是碱的作用。

溶于水的氢氧化钠（$NaOH$）就是一种极好的碱。氢氧化钠遇水后，会分解成钠离子（Na^+）和氢氧根离子（OH^-）。氢氧根离子很活泼，可以轻易地和酸里的氢离子发生反应。把氢氧化钠溶于水中，就能制作出可以接收氢离子、从而中和酸的溶液。

氯化氢溶于水后，溶液是酸性的，碱溶于水后，溶液是碱性的。所以氢氧化钠溶液是碱性的。

烘焙中的碱

泡打粉利用酸碱中和反应，让蛋糕变得蓬松。这个反应会产生二氧化碳气体，蛋糕内部产生气孔，使蛋糕拥有海绵般的质地。

咸咸的科学

把酸性溶液和碱性溶液混合在一起，它们会发生反应。酸里的H^+（氢离子）会和OH^-（氢氧根离子）反应生成H_2O（水）。而Cl^-（氯离子）和Na^+（钠离子）则会反应生成NaCl（氯化钠），也就是食用盐的主要成分。

如果配比平衡，酸的摩尔质量与碱的摩尔质量相等（见第34页至35页），那么所有盐酸都会被中和，只剩下盐水。

可是如果计算错误，加入了太多的氢氧化钠，会发生什么呢？所有的H^+都会参与反应，溶液中不再含酸，但有许多OH^-会留在溶液里。也就是说，这个溶液会从酸性变为碱性。

虽然从理论上来说，氢氧化钠可以中和掉胃里多余的酸，但是它对人体的危害也不小。碱性溶液与酸性溶液同样危险，氢氧化钠溶液也会灼伤皮肤。如果胃不舒服，我们应该从药店购买更温和的药物，比如氢氧化铝或者碳酸镁。

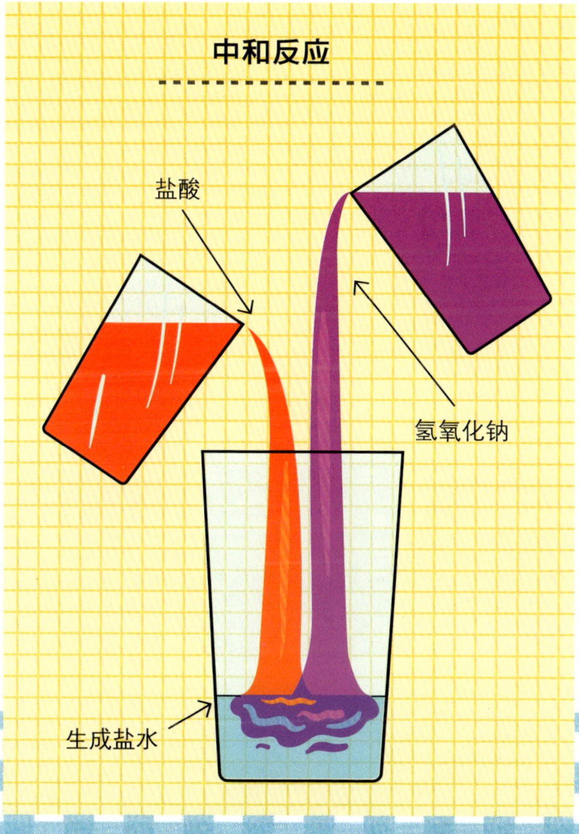

探索发现：酸性反应

你或许听说过“异性相吸”这个词语。在化学里，“异性”是会“互相反应”的。让我们一起深入探索如何衡量液体的酸度，以及当酸、碱发生反应时会发生什么事情。

你在家里可以找到许多酸和碱：可乐是酸性的，漂白剂是碱性的；醋是酸性的，蛋白是碱性的。但是，可乐的酸度有多强，漂白剂的碱度又有多强呢？我们需要对比不同物质的酸碱度，而pH可以衡量这一点。

酸度测试

科学家使用pH来检测溶液的酸碱度。由于酸是可以提供氢离子（H^+）的物质，那么我们就可以把pH理解为测量溶液中氢离子浓度的一种方法。

pH值的范围介于0至14之间，中间值7是中性点。pH值小于7的物质是酸性的，pH值大于7的物质是碱性的。纯净水是中性的，pH值处于正中间范围，这说明它既不是酸，也不是碱。可乐中的氢离子比纯净水多，所以可乐的pH值（约为2.5）小于水。胃酸的pH值介于1.5至3.5之间。胃酸能够溶解食物，而可乐的酸度竟然和胃酸差不多，这或许会让你感到惊讶。我们的牙齿对酸性物质尤为敏感，所以可乐还是少喝为好哟。

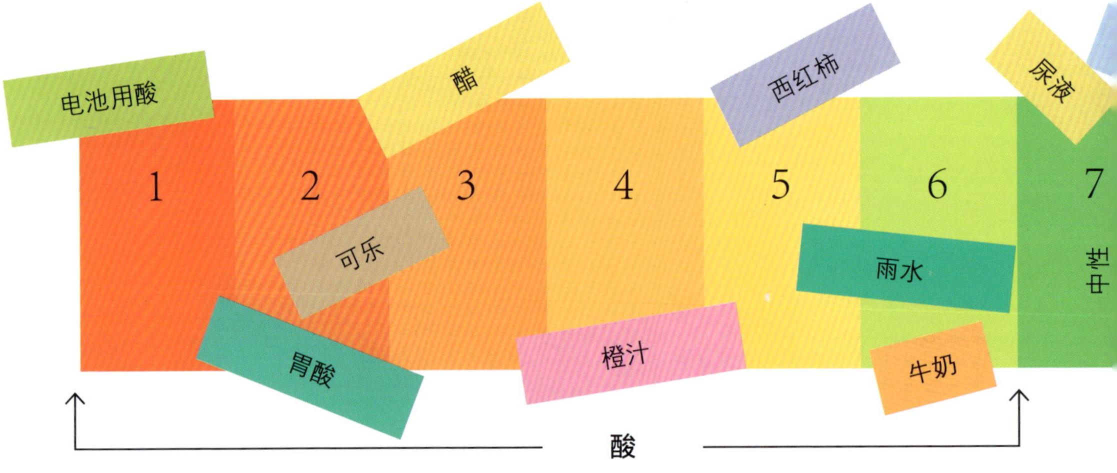

厨房里的碱

当溶液的pH值大于7时，它就是碱性的。家里的许多清洁产品都是碱性的，比如漂白剂，它的pH值大约是12。

管道疏通剂的碱性更强，pH值是13。漂白剂和管道疏通剂都具有腐蚀性，使用时一定要小心。和酸一样，高pH的液体也会灼伤皮肤。

有些碱会伤害我们，有些碱却和药物一样有用。抗酸药就是一种碱，可以用来中和多余的胃酸。但是要注意，这种中和反应会产生许多气体哟。

制作气泡

下面这个中和反应实验，可以在家里试着做一做。把50 mL醋倒进玻璃杯里，再加入一勺泡打粉。混合物会开始冒出泡泡，发生反应。这个反应会消耗氢离子，生成水，最后得到的混合物的pH接近中性点。这个反应还会释放二氧化碳，也就是让可乐冒泡泡的气体，所以反应过程中会嘶嘶冒泡。

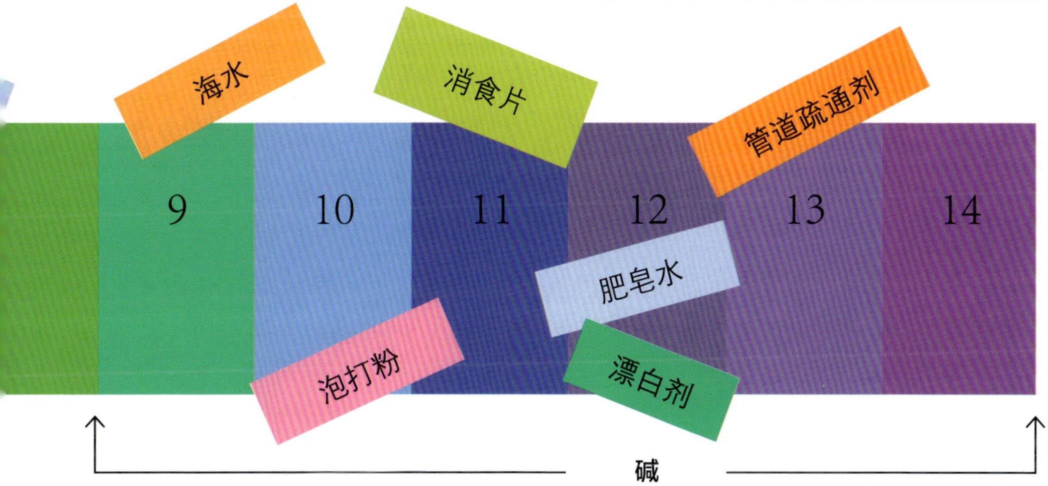

做实验：能把酸找出来的大侦探

化学家渴望理解身边的世界。为了达到这个目的，他们会做实验，并把观察到的现象记录下来。在这个实验里，你将会使用紫甘蓝制作pH指示剂，检测家用化学品的pH值。

一种物质是酸性的、中性的还是碱性的，这取决于物质中氢离子的浓度。如果想知道某种液体的酸碱度，使用指示剂是最常见的方法之一。

把pH指示剂加入某种溶液中时，指示剂的颜色会发生明显的变化，从而反映出该溶液的酸碱度。你只需要看一看，就可以知道液体是酸性的、中性的还是碱性的。好的指示剂能显示出未知液体的酸碱性。

请务必在成年人陪同下进行实验

你需要：

- 紫甘蓝叶
- 榨汁机或厨师机
- 滤网
- 500mL水
- 量壶
- 几个小玻璃杯

推荐检测的物质

- 醋
- 柠檬水
- 柠檬汁
- 泡打粉
- 肥皂液
- 抗酸药药片
- 洗衣液

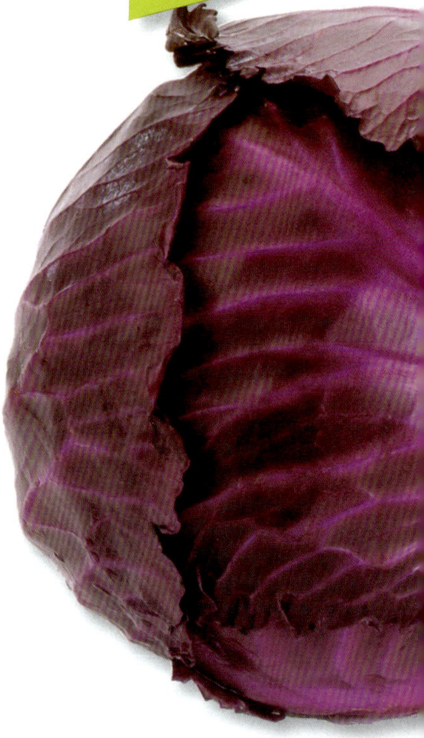

安全第一。或许你家里还有强度更高的酸和碱，但是不要忘记这些物质会对人体造成伤害，一定要小心使用，避免直接接触强酸和强碱。

怎么做：

第一部分：准备指示剂

1.粗略地切一切紫甘蓝叶，把菜叶和水一起倒进榨汁机。

2.搅拌菜叶和水，直到菜叶被完全打碎，混合物呈现顺滑状态。

3.把滤网放在量壶上，把混合物通过滤网倒进量壶里。液体会呈现紫蓝色。

4.把一部分液体倒进小玻璃杯中，每个玻璃杯倒大约50mL。你想检测多少种物质，就准备多少个玻璃杯。

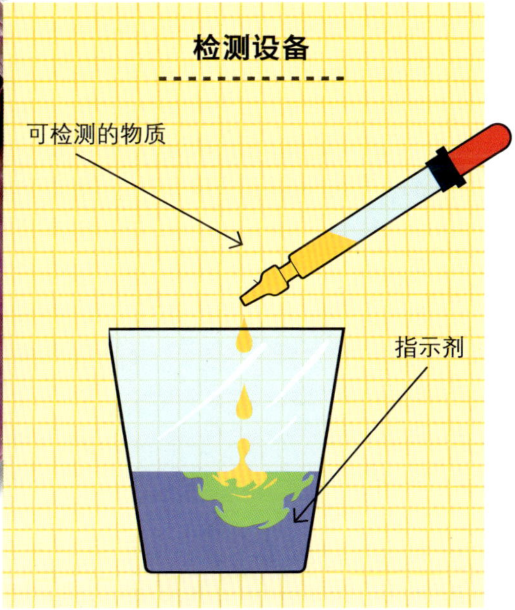

第二部分：检测pH

1.现在，玻璃杯里的甘蓝汁是中性的，这就是pH指示剂。如果你往里面加入酸或碱，液体的颜色就会改变。

2.小心地往玻璃杯里的甘蓝汁中加入几滴你想检测的液体，混合均匀。

3.观察甘蓝汁的颜色是否发生了变化。把玻璃杯放在白纸上，颜色的变化会更明显。（如果你想检测的是固体，比如抗酸药，可以把它捣碎后再放进甘蓝汁里。）

4.如果你往甘蓝汁里加的是酸，液体应该会变成红色；如果你加的是碱，液体应该会变成蓝色。强碱甚至会让液体变成绿色。

5.把小玻璃杯按照酸碱程度，从酸到碱排列好。

发生了什么？

甘蓝中所含有的化学物质能根据被检测的物质内所含的氢离子浓度的不同，发生不同的反应。因此，我们才能做出这样的实验。你可以借助这个实验，对比家中物品的酸碱度。

探索发现：超级肥皂

大家可能不知道，家里一些最平凡的用品，实际上是“超级英雄”，肥皂就是其中之一。我们每天都使用肥皂，可是却没有意识到它的特别之处。其实，肥皂背后的化学原理非常有意思！

肥皂或许是你家里最古老、最简单的清洁用品。肥皂的化学定义是，名为脂肪酸金属盐的总称。脂肪酸是脂肪的组成要素，主要由碳原子链与氧原子、氢原子组成。知道了这个定义，你就能更好地理解肥皂是如何清洁污物的了。

清洁力

肥皂的长碳链由碳原子和氢原子构成，这两种原子都不易与水混合。人们把碳链描述为“具有疏水性的”，也就是“害怕水”的意思。

肥皂也是一种盐，而盐是由离子（带电荷的原子或分子）构成的物质。一般来说，肥皂里还含有钠，钠的外层电子会被脂肪酸拿走。于是，钠会带着正电荷，而脂肪酸带着负电荷。当我们把肥皂和水混合在一起时，钠就可以自由运动了。带着正电荷的钠会离开脂肪酸链，留下一块带着负电荷的区域。这块带负电荷的区域对水很有吸引力，这个特点又被称为“具有亲水性的”，也就是“喜欢水”的意思。

所以，肥皂的长链不喜欢水，而长链带着负电荷的一端（称为头部）却又喜欢水。

绝妙的肥皂

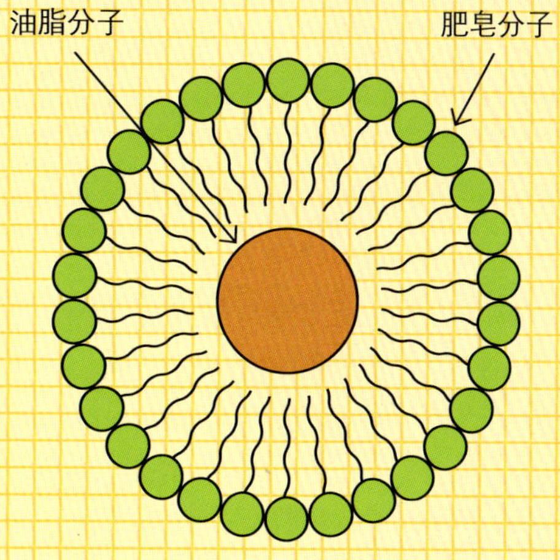

在理解肥皂的清洁原理之前，我们首先要明白，是什么弄脏了我们的手和家里的各个地方。在大多数情况下，油脂、液体油和污垢是罪魁祸首，它们主要由碳原子和氢原子构成。碳基污垢也是疏水的，也就是说，它们很难用水清洗，因为它们的分子表面会排斥水。

肥皂出场，力挽狂澜

化学里有句话叫作“相似相溶”。在这里，我们可以这么理解这句话：疏水的油能够溶解疏水的污渍，这一点非常有用。不过，虽然我们可以用油去除家里的污垢，但是这么一来，我们的手上、衣服上、厨房的操作台上就都会沾满了油。因此，我们需要一种既可以去除碳基污垢，又可以被水洗去的东西。换句话说，我们需要的正是肥皂！

当肥皂分子遇上碳基污垢、液体油或油脂时，它会把它们团团包围。肥皂分子把污垢围在中间，疏水的尾部朝向污垢，亲水的头部朝向外侧，迎接水流。这就好比污垢被圈在了一个喜欢水的泡泡里面。如此一来，通常不溶于水的油污也能被洗干净了！

学习了解：寻找摩尔

要想把实验做对，摩尔是非常重要的。如果你知道了某种物质的摩尔质量，你就能知道你的样本中含有多少粒子。现在，来测试一下你学到的知识吧！

在开始之前，先来复习几个有用的术语：

相对原子质量（A_r）：原子的平均质量与碳-12原子质量的1/12的比值。由于原子质量非常小，所以我们拿原子质量和碳-12原子质量作比较，方便计算。

相对式量（M_r）：分子中所有原子的相对原子质量的总和。比如说，甲烷的化学式是CH_4。要计算甲烷的相对式量，我们需要把每个原子的相对原子质量相加。碳的相对原子质量是12，氢的相对原子质量是1。那么，甲烷的相对式量就是12+1+1+1+1=16。

阿伏伽德罗常数：这个数字表示1mol中的粒子数量，数值恒定为6.022×10^{23}。

突击测试：摩尔的相关计算

1.蔗糖是饮料中常见的糖，它的化学式是$C_{12}H_{22}O_{11}$。碳（C）的相对原子质量是12，氧（O）的相对原子质量是16，氢（H）的相对原子质量是1。那么，蔗糖的相对式量是多少？

2.如果一听可乐含有11g蔗糖，那么这听可乐里含有蔗糖多少摩尔？小提示：第35页的公式可以帮帮你。

3.如果你称出100g蔗糖和100g水，哪种物质含有的分子更多？

4.有一个古怪的超级富豪，她决定买1mol最喜欢吃的糖果。糖果的形状是$1cm^3$的小方块。她想把糖果一个接一个地铺在美国的土地上。已知美国的陆地面积是$9.16 \times 10^{16}cm^2$，那么，她可以用这些糖果把美国铺满吗？小提示：糖果的底部面积是$1cm^2$。1mol糖果的底部面积之和和美国面积相比，谁更大呢？

（答案见144页）

学习了解：“烫手”的问题

在探索了酸和碱的世界后，来测试一下你对酸碱有多了解吧！

突击测试：酸和碱

1.通常来说，酸的定义是：

a）一种腐蚀性溶液

b）一种可以提供氢离子的物质

c）一种在发生反应时，可以释放热量的物质

d）一种可以让水离子化的液体

2.牛奶的pH值大约为：

a）3.2

b）6.6

c）7.0

d）8.4

3.pH衡量的是：

a）氢离子脱离分子的难易程度

b）非水部分的电荷

c）对人体组织的威胁程度

d）氢离子的浓度

4.下列哪一个说法是正确的?

a）雨水是中性的，海水是碱性的

b）雨水是碱性的，海水是酸性的

c）雨水是酸性的，海水是碱性的

d）雨水是酸性的，海水是中性的

5.强酸是：

a）高浓度的

b）完全离子化的

c）部分离子化的

d）反应速率高的

6.下列哪个选项的pH值最高?

a）醋

b）可乐

c）肥皂水

d）纯净水

7.把五滴溶液A滴入烧杯B，烧杯中的pH值上升。该溶液是：

a）酸性的

b）碱性的

c）中性的

d）无法判断

8.如果一种液体的pH值是10，那么它是：

a）碱性的

b）酸性的

c）中性的

（答案见144页）

做实验：吓人的牙齿

大部分人都知道，摄入过量的含糖饮料对健康没有好处。但是，我们很容易就会忘记含糖饮料对牙齿的损伤，因为这个过程很缓慢，问题也许在许多年后才会显现。而以下实验会加速这个过程，让你看看糖会对牙齿造成什么影响。

含糖饮料中，有两种成分会损伤牙齿：糖和酸。一般情况下，口腔的pH值是中性的，这对于牙齿来说是一个健康的环境。如果pH值降低，嘴里的环境变成酸性的，那么牙齿里的钙质就会流失，导致牙釉质变软，引发牙齿龋洞。

糖和口腔的酸性程度也有关系，但是没有那么直接。当你摄入含糖食物或含糖饮料时，不仅仅是你吃到了糖，住在你嘴里的上百万个细菌也吃到了糖。对于细菌来说，糖可以迅速转换为能量，简直是最棒的食物。在这个过程中，嘴里的细菌会释放乳酸，而乳酸（与可乐里的磷酸和柠檬酸一样）会导致牙齿的钙质流失。

让我们一起来看一看这个过程。

你需要：

- 500 mL瓶装可乐，带盖子
- 婴儿乳牙，至少一颗（如果没有婴儿乳牙，可以用鸡骨头代替）
- 缝纫针
- 滤网
- 量壶
- 相机
- 纸和笔

怎么做:

1.把牙齿放在平整且颜色单一的地方，可以垫一张白纸或者一张彩色硬纸板，然后找一个光线不会变化的地方给牙齿拍一张照片。

2.试一试，用缝纫针能在牙齿表面划出划痕吗？如果轻轻地把针插入牙齿，会发生什么？牙齿的根部是硬的还是软的？把你的答案记录下来。

3.把牙齿放进可乐里，盖上瓶盖。把可乐存放在黑暗的地方，比如书架上或者橱柜里。一定要记住，这个实验很可能会损伤牙齿，所以不要使用珍贵的童年纪念品哟！

4.三天后，把滤网放在量壶上，把可乐通过滤网倒进量壶里。给倒出的牙齿拍一张照片，再用针检查一下牙齿，然后，把可乐和牙齿倒回瓶子里，拧紧瓶盖，存放在黑暗的地方。

5.再过四天后，重复步骤4。你能看出差别吗？可以换一个新的牙齿，试一试把实验的时间拉长，比如一个月，甚至更久。

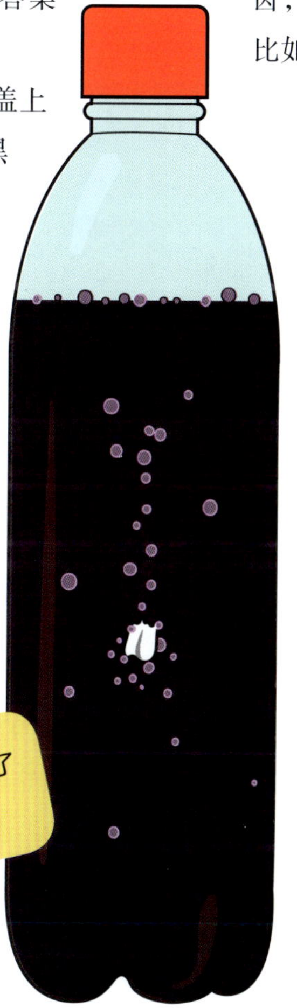

阅读第84页至85页，了解更多关于糖的知识。

发生了什么?

你应该会发现牙齿褪色了。牙齿的根部是最薄弱的地方，没有了坚硬的牙釉质的保护，这里就会变软。再过几周，你就能够轻易地在牙齿表面划出划痕了。

如果你还有多余的婴儿乳牙或鸡骨头，可以试一试用其他液体做实验，比如无糖可乐。两者之间有显著区别吗？也可以用水或者牛奶试一试。

探索发现：化学里的数学

化学物质在发生反应或变化时，我们能看到的通常只有结果，但看不见每一种化学物质是如何反应的，在单个粒子的层面上发生了什么，这是化学家需要理解并表述出来的。这个时候，化学方程式就派上了用场。

化学方程式表示的是各个反应物发生的化学反应。化学方程式的一边是反应物（初始原料），另一边是生成物（反应生成的化学物质）。和数学一样，方程式必须达成平衡，也就是说，两边的原子数量和原子类型必须是一样的。

下面几个步骤能够帮你更好地理解，如何配平化学方程式。

1.指明方向

化学方程式与数学方程式最大的区别是，化学家可以使用箭头代替等号。箭头可以告诉我们，化学反应是如何进行的：什么物质参与了反应（反应物），什么物质是在反应后生成的（生成物）。

2.每个故事都有两面

在化学方程式里，反应物和生成物分别位于箭头的两边，箭头由反应物指向生成物：

反应物→生成物

举个例子，氢气与氧气反应生成水。那么，这个反应的文字版方程式就是：

氢+氧→水

3.节省空间的符号

化学家会使用元素周期表（见第60页至61页）中的符号表示反应物和生成物。氢的符号是H，每个氢气分子含有2个氢原子，所以我们写作H_2。氧的符号是O，每个氧气分子同样含有2个氧原子，所以我们写作O_2。

现在，我们就能用符号写出这个反应的方程式了：

$$H_2+O_2 \rightarrow H_2O$$

4.寻找平衡

不过，上面的方程式还有一个问题，那就是没有配平。方程式的左边有2个氢原子和2个氧原子，而右边却只有2个氢原子和1个氧原子。两边的原子数量必须相等，这一点非常重要。我们可以通过添加所需的化学物质，让两边的数字相等。要配平这个方程式，我们需要2个氢气分子来和1个氧气分子发生反应。

那么，这个反应的化学方程式就变成了：

$$2H_2+O_2 \rightarrow 2H_2O$$

现在，方程式的左边和右边都分别有4个氢原子和2个氧原子，方程式配平了！于是我们知道，2个氢气分子会和1个氧气分子发生反应，生成2个水分子。

配平的方程式

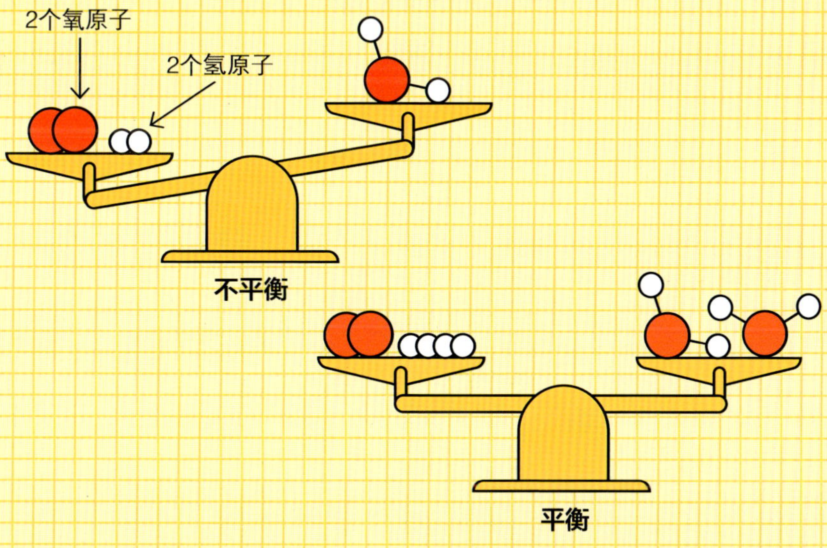

学习了解：正确的平衡

通过配平化学方程式，我们可以清楚知道获得预期的生成物所需要的反应物的比例是多少。第50页至51页讲解了如何配平化学方程式，现在来实际运用一下吧！

突击测试：配平方程式

1.氢气和氧气反应生成水，这个反应配平后的方程式是$2H_2+O_2 \rightarrow 2H_2O$。如果让1mol氢气和1mol氧气反应，会发生什么？

2.所有配平了的方程式的两边，原子的数量都是相等的，这代表了什么？

a）反应物的总质量等于生成物的总质量

b）反应是可逆的

c）生成物和反应物一样活泼

d）反应物的总体积等于生成物的总体积

3.下面这个方程式表示了乙烷燃烧的过程，它缺少了哪一个常见的分子？请填空。

$2C_2H_6+7O_2 \rightarrow 4CO_2+6$___

4.化学家会在反应物和生成物的化学符号后面，标注它们的状态：固体（s）、液体（l）、气体（g），以及溶于水的水溶液（aq）。下面这个方程式代表了黄金与氯气发生反应，生成黄色的氯化金晶体的过程。请把物质的正确状态填入括号中。

$2Au(\ )+3Cl_2(\ ) \rightarrow 2AuCl_3(\ )$

5.配平下列方程式，难度是逐渐递增的！

a）$TiCl_4+H_2O \rightarrow TiO_2+HCl$

b）$Fe+O_2 \rightarrow Fe_2O_3$

c）$C_{12}H_{22}O_{11}+O_2 \rightarrow CO_2+H_2O$

6.把下面的化学方程式转换为文字版的方程式（我们在第38页至39页提到过这个反应）：

$HCl+NaOH \rightarrow NaCl+H_2O$

7.从一个配平了的化学方程式中，我们通常无法得知下列哪个信息？

a）反应的生成物

b）反应物的状态

c）反应的摩尔比

d）反应的速率

8.反应物的数量总是大于生成物的数量，这个说法正确吗？

（答案见145页）

学习了解：实验室

实验室里的仪器及安全标识或许和家里的有些类似。把实验仪器和安全标识（1至9）与对应的描述（a至i）连起来。

1.

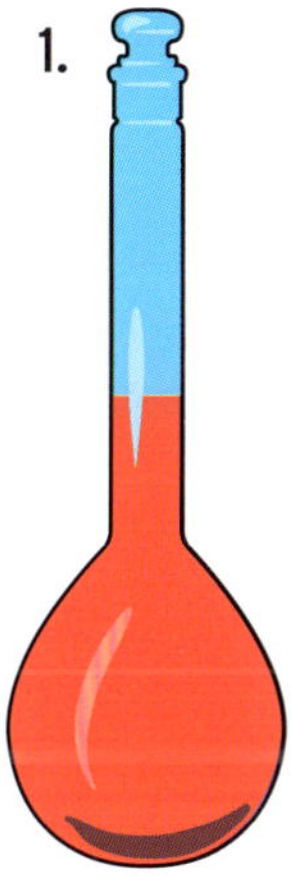

2.

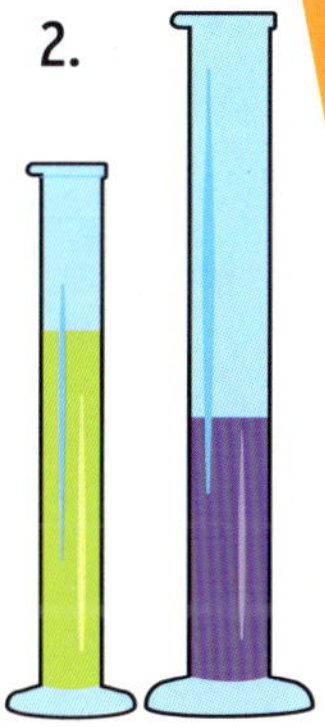

3.

4.

5.

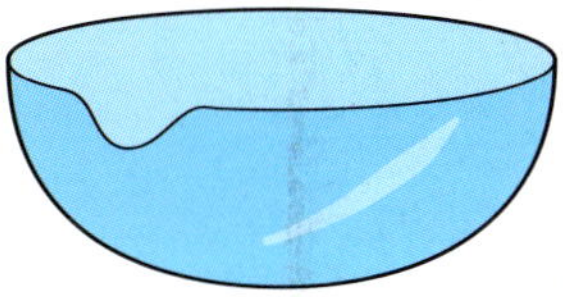

6.

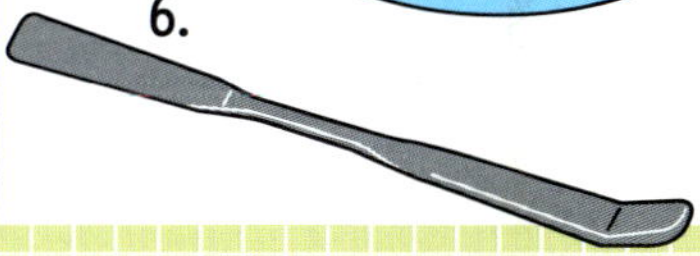

7.

8.

9.

- i.洗涤瓶，用于清洗容器，或往其他容器中添加液体。
- h.剧毒警告。
- g.蒸发皿，用于蒸发液体。
- d.容量瓶，用于配制体积精确的溶液。
- e.压缩气体警告。
- b.药匙，用于取用粉末。
- a.锥形瓶，用于液体反应，可防止液体在混合时溢出。
- c.易燃警告。
- f.量筒。

（答案见145页）

做实验：提高速度

除了理解反应原理，化学家还希望可以控制反应。在厨房里，食材的烹饪时长、食物的保质时间，都是非常重要的信息。而这些日常小事的背后，其实是复杂的化学反应。

只有理解了反应速率，我们才能控制反应。反应速率就是生成物形成的速度，以及反应物消耗的速度。

在这个实验里，你将测试固体溶化于水的时间，探索有哪些因素会影响反应速率。对比不同的实验条件，观察反应速度发生了什么变化。

你需要：

- 维生素C泡腾片或方糖
- 热水和冷水
- 秒表
- 几个玻璃杯

怎么做：

首先，在标准条件下进行实验，我们把这个实验称作对照实验。然后，改变实验条件，再次进行实验。这样一来，我们就可以把两次实验的结果进行对比了。

1.往一个玻璃杯中倒满室温水（如果水龙头的水是冰的，那就静置一段时间，等水温变成室温）。

2.把泡腾片或方糖放进水里，开始计时。

3.等待固体完全溶解，记录下时间。

这就是泡腾片或者方糖在标准条件下完全溶解所需要的时间。

温度

改变反应速率最简单的方法之一，就是改变环境的温度。分别使用冷水和热水，重复上面的实验步骤，记录下固体完全溶解的时间。

你或许注意到了，水温越高，反应发生得就越快。这是因为反应物必须互相接触，反应才能发生。温度升高，粒子会运动得更快。粒子运动得越快，它们就越有可能互相撞击，发生反应。

表面积

这一次，把泡腾片或者方糖碾成粉末，再加入室温水中，然后重复对照实验的实验步骤。

粉末应该很快就会溶解。没有被碾成粉末时，固体只有表面部分可以和水发生接触。被碾成粉末后，固体和水接触的表面积增加了。因此，水从一开始就能接触到更多的固体，反应速率便也提升了。

搅拌

重复对照实验的实验步骤，但是这一次，在加入泡腾片或方糖后不断地搅拌液体。搅拌会增加固体和水的粒子撞击次数，这也会提升反应速度。

如果把三个变量——温度、表面积、搅拌——结合起来，会发生什么？你会发现，反应变得更快了！

第三章

化学的组成

探索发现

学习了解

做实验

探索发现：分解不可分解的物质

如果想了解事物的化学原理，不论是可乐、清洁产品、行星，还是其他一切事物，你都必须先理解构成这些事物的原子。近代科学认为，原子被称为“物质的构建模块”，一切物质都由原子组成！

组成积木的积木

2000多年前，哲学家提出了一个理论：世界是由小单位组成的。他们假设，这些小单位就是最小的，是不可分割的。也就是说，这些小单位无法再被分割为更小的东西。结果证明，他们的理论是错误的。

经过了多年的猜测、实验，以及创新，现代科学家开始意识到，原子并不是不可分割的。实际上，原子由更小的粒子组成。原子的现代概念的诞生，距今不过100年。

像云一样

所有原子的基本构造都是一样的：由质子和中子组成的原子核密度极大，它的周围环绕着电子。原子核几乎占据了原子的所有质量，而环绕在原子核外的电子则几乎没有质量。

化学家画出的原子的构造，看上去与太阳系有些类似：原子核位于中心，就像太阳；电子沿着圆形轨道围绕在原子核周围，与质量大的原子核相隔一段距离。

通过与太阳系进行类比，我们把原子的构造变得更直观了。但是，现实情况其实奇怪得多。

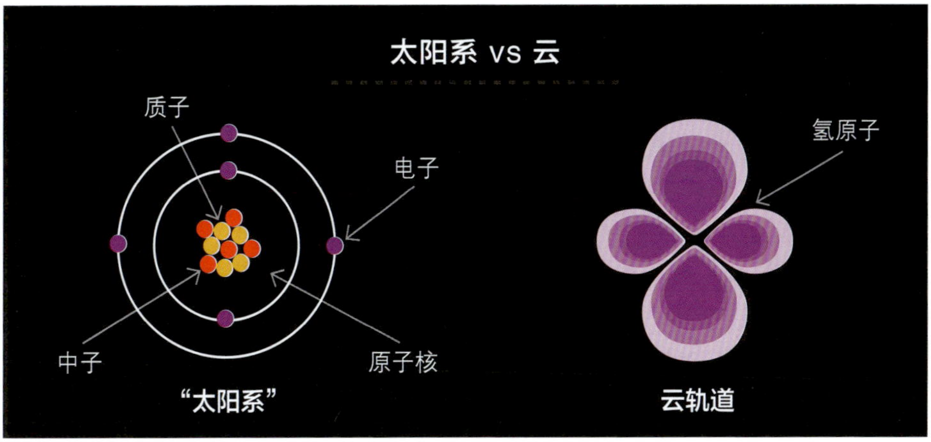

这个类比是有缺陷的。确实，电子会环绕原子核做运动，但是和行星运动还是有所差别的。电子非常小，非常轻。它们的运动速度之快，让人们无法准确知晓其每时每刻的位置。不过，我们可以把电子想象成围绕在原子核周围的云团。化学家和物理学家把这些云团称作轨道。最简单的轨道是环绕着原子核的球面轨道。当原子里加入了越来越多的电子、质子和中子后，轨道就会变得越来越复杂，形成指向不同方向的分裂叶状结构。

相同又不同

所有原子的基础模型是一样的，但是随着质子、电子和中子的加入，原子的性质也会发生改变。根据原子核里的质子数的不同，原子被划分为不同种类，也就是元素。比如说，带有17个质子的原子是氯，而带有18个质子的原子是氩。原子核内的质子数量又被称作原子序数，化学家已经找到了118种不同的原子序数。也就是说，化学家已经发现了，或在实验室里创造出了118种元素。

亚原子粒子

原子由比它更小的粒子组成：电子、质子和中子。

电子：带负电荷的粒子。

质子：带正电荷的粒子，质量大约为电子的2000倍。

中子：不带电荷的粒子，质量与质子相近。

探索发现：元素周期表

当超市员工精心整理了饮料货架上的产品后，消费者才能轻松找到他们想买的东西。对于化学家来说，元素周期表就像超市货架一样，把每一个元素都以巧妙的方式展现了出来，让元素的性质一目了然。

元素由原子核中的质子数量定义，质子数量又被称为原子序数。从1号元素氢到118号元素氮，每一个元素都有自己专属的原子序数。下一页中的元素周期表似乎已经很完整了，但是随着科学的发展，化学家很有可能会创造出相对原子质量越来越大的元素。或许几年之后，元素周期表就要增添新的一行了。

元素周期表中的相似性

看书时，你是从左往右看的。而看元素周期表时，你可以横着看，竖着看，甚至斜着看。在元素周期表中，每一列为一族，同一个族里的元素性质相似。比如说，看看最左边的一列，这个族里包含锂、钠和钾。这几个元素都会与水发生剧烈反应。再看看最右边的一列，这个族里含有氖、氩和氪。这几个元素都是惰性气体，也就是说，它们都很不活泼。同一族里的元素表现性质相似，因为它们最外层的电子数量相等。而最外层的电子数量决定了该元素与其他元素结合的方式。

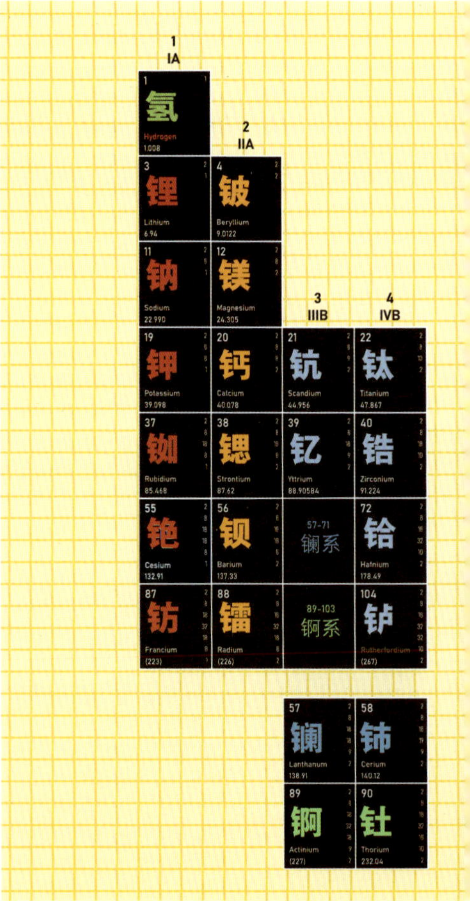

金属性最强的金属是……

元素周期表也反映了金属元素的金属性，也就是它们的原子有多容易失去电子。在元素周期表上，越靠上、靠右的元素越难失去电子，金属性越弱；越靠左、靠下的元素金属性越强。因此，元素周期表左下角的钫元素是金属性最强的金属元素。

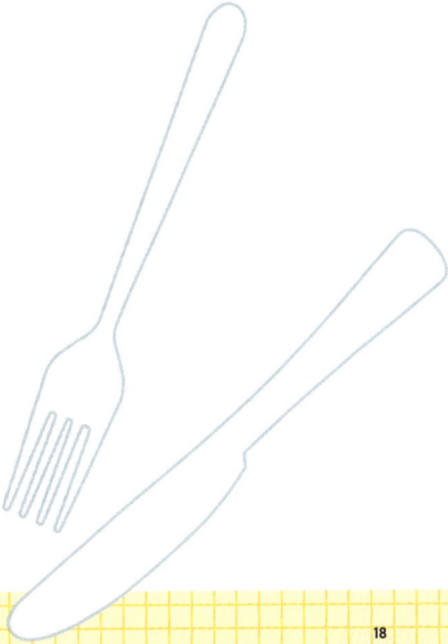

元素周期表

5 VB	6 VIB	7 VIIB	8 VIIIB	9 VIIIB	10 VIIIB	11 IB	12 IIB	13 IIIA	14 IVA	15 VA	16 VIA	17 VIIA	18 VIIIA
													2 氦 Helium 4.0026
								5 硼 Boron 10.81	6 碳 Carbon 12.011	7 氮 Nitrogen 14.007	8 氧 Oxygen 15.999	9 氟 Fluorine 18.998	10 氖 Neon 20.180
								13 铝 Aluminium 26.982	14 硅 Silicon 28.085	15 磷 Phosphorus 30.974	16 硫 Sulfur 32.06	17 氯 Chlorine 35.45	18 氩 Argon 39.948
23 钒 Vanadium 50.942	24 铬 Chromium 51.996	25 锰 Manganese 54.938	26 铁 Iron 55.845	27 钴 Cobalt 58.933	28 镍 Nickel 58.693	29 铜 Copper 63.546	30 锌 Zinc 65.38	31 镓 Gallium 69.723	32 锗 Germanium 72.630	33 砷 Arsenic 74.922	34 硒 Selenium 78.971	35 溴 Bromine 79.904	36 氪 Krypton 83.798
41 铌 Niobium 92.906	42 钼 Molybdenum 95.95	43 锝 Technetium (98)	44 钌 Ruthenium 101.07	45 铑 Rhodium 102.91	46 钯 Palladium 106.42	47 银 Silver 107.87	48 镉 Cadmium 112.41	49 铟 Indium 114.82	50 锡 Tin 118.71	51 锑 Antimony 121.76	52 碲 Tellurium 127.60	53 碘 Iodine 126.90	54 氙 Xenon 131.29
73 钽 Tantalum 180.95	74 钨 Tungsten 183.84	75 铼 Rhenium 186.21	76 锇 Osmium 190.23	77 铱 Iridium 192.22	78 铂 Platinum 195.08	79 金 Gold 196.97	80 汞 Mercury 200.59	81 铊 Thallium 204.38	82 铅 Lead 207.2	83 铋 Bismuth 208.98	84 钋 Polonium (209)	85 砹 Astatine (210)	86 氡 Radon (222)
105 𨧀 Dubnium (268)	106 𨭎 Seaborgium (269)	107 𨨏 Bohrium (270)	108 𨭆 Hassium (270)	109 鿏 Meitnerium (278)	110 鐽 Darmstadtium (281)	111 錀 Roentgenium (282)	112 鎶 Copernicium (285)	113 鉨 Nihonium (286)	114 𫓧 Flerovium (289)	115 镆 Moscovium (290)	116 𫟷 Livermorium (293)	117 鿬 Tennessine (294)	118 鿫 Oganesson (294)

59 镨 Praseodymium 140.91	60 钕 Neodymium 144.24	61 钷 Promethium (145)	62 钐 Samarium 150.36	63 铕 Europium 151.96	64 钆 Gadolinium 157.25	65 铽 Terbium 158.93	66 镝 Dysprosium 162.50	67 钬 Holmium 164.93	68 铒 Erbium 167.26	69 铥 Thulium 168.93	70 镱 Ytterbium 173.05	71 镥 Lutetium 174.97
91 镤 Protactinium 231.04	92 铀 Uranium 238.03	93 镎 Neptunium (237)	94 钚 Plutonium (244)	95 镅 Americium (243)	96 锔 Curium (247)	97 锫 Berkelium (247)	98 锎 Californium (251)	99 锿 Einsteinium (252)	100 镄 Fermium (257)	101 钔 Mendelevium (258)	102 锘 Nobelium (259)	103 铹 Lawrencium (266)

做实验：可以吃的铁

有些化学元素对我们的身体健康至关重要。多吃不同的水果蔬菜是保证人体摄入足够的所需元素的最好方法。不同蔬果的益处都略有不同。

香蕉富含钾（K），钾能够维持神经系统的功能，向大脑传输信号；扁豆富含锌（Zn），锌可以促进免疫系统的功能；菠菜含有大量的铁（Fe），铁是维持血液健康的必要元素。

在超市货架上，有些包装食品的营养并不丰富。如果想凭借它们来摄入足够的健康元素，其实很难，譬如总会引起争议的早餐谷物。早餐谷物的受众人群通常是儿童，这个产品在以前是几乎没有营养成分的。1938年，为了应对人们的争议，制作早餐谷物的公司在配方中加入了维生素和矿物质，来“强化”他们的产品。也就是说，他们往早餐谷物中加入了一些保持健康所需的元素。

在这个实验中，你将会寻找并分离出藏在食物里的铁元素，使它们变得肉眼可见。铁是地球上自然含量最高的金属之一，占据了地球总质量的30%！铁还有许多作用，数千年来，铁被用于制造工具、武器和珠宝。

你需要：

- 150 g强化早餐谷物（比如玉米片）
- 两个密封袋（透明的）
- 擀面杖
- 水
- 强力磁铁（最好是钕磁石）

怎么做：

1.把玉米片放入其中一个密封袋里并密封。用擀面杖把玉米片擀成粉末。把玉米粉转移到第二个密封袋里。（因为第一个密封袋上可能会有些擀面杖滚动时留下的小洞）

2.把水倒进装着玉米粉的密封袋，倒半袋水就可以。挤出空气，然后密封。

3.轻轻地混合袋子里的东西，让玉米粉溶解于水，静置一小时。然后，把磁铁放在桌子上，再把袋子放在磁铁上。接下来，不要移动袋子，只需轻轻地按压它，使袋子里的混合物都有机会靠近磁铁。

4.当混合物都与磁铁近距离接触后，小心地把磁铁和袋子一起拿起来。注意不要让磁铁离开袋子。这个时候如果你仔细观察，你就会发现在袋子里与磁铁靠近的位置，出现了一些深色的小颗粒，那就是铁。如果你缓慢移动磁铁，小颗粒还会跟随着磁铁移动。

发生了什么？

一般来说，10kg谷物大约只含有1g铁。因此，你不会在袋子里看到太多的铁，但还是能看到一些的。每天摄入18mg铁，就足够让你的血液健健康康的了！

学习了解：寻找元素

上一节我们把藏在早餐谷物里的铁找了出来。现在让我们再进一步探索人体与其他元素的关系，尤其是食物和饮料中的元素。

世界上目前发现的元素，一共有118种，人体里大约可以找到60种（每一种数量都很少）。人类只需要约20种元素就能存活，但每一种元素都很重要。

找找元素

现在，让我们来做一些简单的侦查工作，看看你能在家里找到多少种元素。右边列出了人体内常见的元素，为你提供一些线索。

- 硼（B）
- 钙（Ca）
- 碳（C）
- 氯（Cl）
- 铬（Cr）
- 钴（Co）
- 铜（Cu）
- 氟（F）
- 氢（H）
- 碘（I）
- 铁（Fe）
- 镁（Mg）
- 锰（Mn）
- 钼（Mo）
- 氮（N）
- 氧（O）
- 磷（P）
- 钾（K）
- 硒（Se）
- 硅（Si）
- 钠（Na）
- 硫（S）
- 锡（Sn）
- 钒（V）
- 锌（Zn）

从哪里开始?

不如就从一听可乐开始吧？看看易拉罐上的配料表（不同品牌的成分可能会有些差异），你应该会看到以下原料：碳酸、水、糖、色素、磷酸、天然调味料及咖啡因。虽然有些词语你可能不太熟悉，但是你能从中找到我们在上文里提到的两种必要元素了。如果我们把水改个名字，改成“一氧化二氢”，你就又能找到另外两种元素了。

维生素和矿物质

在上一小节中，我们了解了早餐谷物里的铁。现在让我们再来看看，早餐谷物包装盒上列出的其他原料，注意其中添加的维生素和矿物质。和易拉罐一样，你或许也会在谷物包装盒上看到一些不熟悉的词语，有学名也有俗称。比如说，烟酸可能会写作维生素B_3，也可能写作它的学名——吡啶-3-羧酸。大部分维生素都含有氮元素。现在，我们至少已经找到五种元素了。

保持凉爽

搜查一下冰箱，看看能找到些什么。在冰箱里，至少有一种元素很容易找到。读一读奶酪、牛奶或者大豆制品上的营养成分表，你就会知道，为什么乳制品及乳制品的代替品对于骨头和牙齿那么重要了。

加些调味料

在调味料的柜子里，你可以找到两种常见的元素。如果你不相信，那就看一看食盐的营养成分表吧！你会发现，盐里含有亚铁氰化物(ferrocyanide)。这个化合物可能有些不好辨认，但是如果你知道，铁的元素符号Fe来自拉丁语里的铁（ferrum），那么线索就很明显了。如果你家里用的是低钠盐，你应该还能找到钾元素。

保持微笑

去洗手间看看牙膏的配料表，你至少能找到一种可以强化牙齿的元素。可以再翻翻放药的柜子 ，那可是元素藏身的宝地哟（请成年人帮忙）。

探索发现：化学里的连接

几乎所有的化学细分领域都有一个共同之处，那就是化学键。不论是宇宙射线与大气层中的气体发生的化学反应，还是人体从可乐中的糖所汲取的化学能量，都涉及化学键。化学其实就是关于化学键的形成、断裂、弯曲和旋转的学科。

第58页至59页告诉我们，原子由原子核和电子组成，原子核内有质子和中子，密度非常大；原子核外环绕着电子。为了避免相互撞击，电子会处于不同的轨道上。电子决定了元素的化学性质，以及原子所形成的化学键的类型。

价电子层

原子核外有许多电子轨道，但它们的轨迹并不都是圆形的。为了方便理解，我们把电子轨道分为不同的电子层。你可以把电子层想象成洋葱的外皮，它们是从里向外填满的。最外面的一层被称作价电子层，就是这一层参与了原子结合过程。

原子发生结合时，有的原子想获得更多的电子，而有的原子则想失去它们的电子。究竟是想获得还是想失去，这取决于该原子的价电子层中的电子数量。比如说，价电子层最多可以携带8个电子。价电子层中的初始电子数量，决定了原子会如何发生反应，以及如何结合。

价电子层为1至2个电子：原子会失去这些电子。失去它们后，原子中的质子数量大于电子数量，带正电荷。

价电子层为3至6个电子：原子会和其他原子共用电子，让价电子层中的电子总数量达到8。

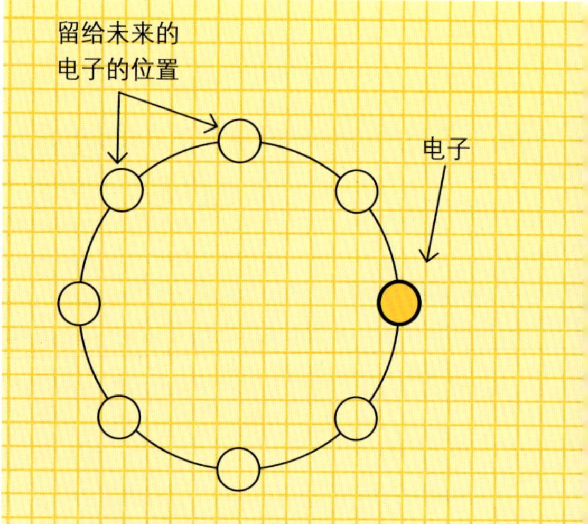

钠的价电子层，带有1个电子

价电子层为7个电子：原子会填满自己的价电子层，它会从另外的原子身上拿走1个电子。现在，原子中的电子数量大于质子数量，带负电荷。

价电子层为8个电子：原子的价电子层已经满了，它既不会失去电子也不会偷取电子或和别的原子共用电子。

全满或全空

基本上来说，原子希望自己的价电子层要不就是全满的，要不就是全空的。如果价电子层中的电子数量少于4个，原子就会失去电子；如果电子数量约为4个，原子就会与其他原子共用电子；如果电子数量接近8个，原子就会偷取电子，填满价电子层。

失去电子而带有正电荷的原子，以及偷取电子而带有负电荷的原子，我们把它们称为离子。离子可以形成离子键。钠和氯反应生成食盐（氯化钠）时，就形成了离子键。更倾向于彼此共用1个或更多个电子的原子，会形成共价键。比如说，当1个碳原子与2个氧原子结合，生成了二氧化碳分子时，就形成了共价键。

离子键

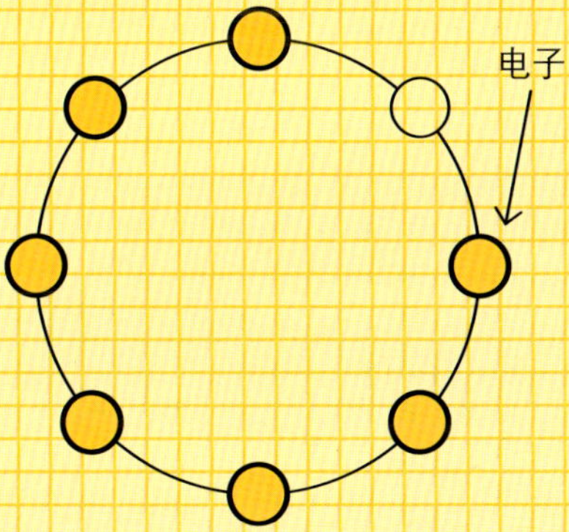

氯的价电子层，还剩一个位置

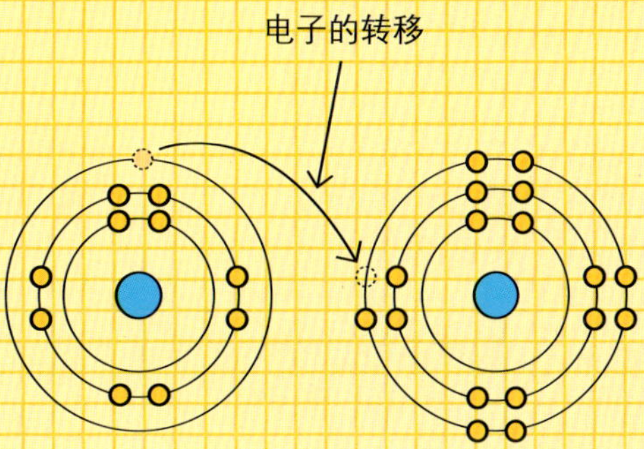

离子键

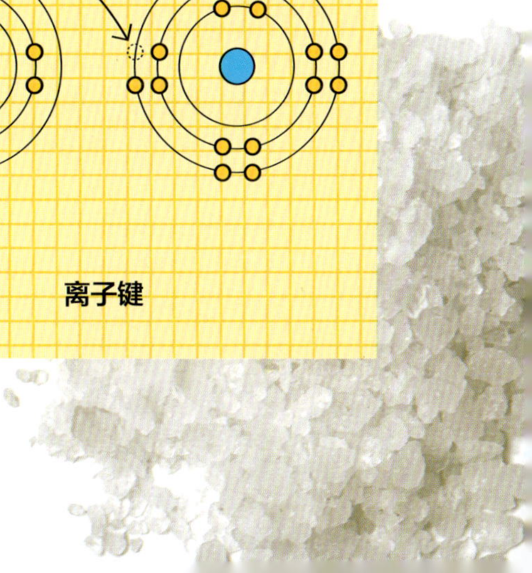

学习了解：元素小测验

把左边的元素与右边对应的描述配对，看看你对元素和元素周期表有多了解。

1. 氢
2. 鿫
3. 钙
4. 氩
5. 钫
6. 铁
7. 钾
8. 氯

a. 骨骼和牙齿的重要组成部分。

b. 对神经系统至关重要。

c. 元素符号来自拉丁语 ferrum。

d. 相对原子质量为1。

e. 原子核中含有17个质子。

f. 元素周期表的最后一个元素。

g. 金属性最强的金属。

h. 一种惰性气体。

（答案见145页）

学习了解：电子的交流

将元素周期表（见第60页至61页）和化学键的相关知识结合起来，解答下列关于化学反应的难题吧！

突击测试：电子

1.在元素周期表上，每往右一格，元素（假设原子是中性的 ）的质子和电子数量就都会加1。那么一般来说，第23号元素有多少个电子？金有多少个电子？

2.在一般情况下，元素周期表每往右一格，原子的最外层轨道，也就是价电子层中的电子数量就会加1。而元素周期表每往下一行，元素的最外侧就会新增一个电子层。到了元素周期表的第四行时，情况就变得复杂了。所以，下列问题仅限于前三行中的元素。

a）氧的价电子层中有多少个电子？（小提示：每开启新的一行，价电子层中的电子数量都从1开始）

b）原子喜欢把自己的价电子层填得满满的。那么，氧还需要获取多少个电子，才能把价电子层填满？

3.在元素周期表上找到氯元素。

a）氯的价电子层中有多少个电子？

b）氯的价电子层可以装下多少个电子？

c）氯会形成哪种类型的化学键？

4.a ）钠是一种很活泼的金属。观察它的电子排布方式，想想它为什么会这么活泼？

b）钠在发生化学反应时，它会获得电子还是失去电子？

c）钠和氯发生反应生成食盐，也就是氯化钠。在这个反应中，外层电子发生了什么变化？

5.下列关于共价键的描述中，哪一项是准确的？

a）共价键通过获取电子或失去电子形成。

b）共价键通过共用电子形成。

6.糖是可乐的主要成分之一。糖分子由碳、氧、氢组成。其中，碳元素通常会形成哪种类型的化学键？是离子键还是共价键？

（答案见145—146页）

探索发现：奇妙的分子

在一瓶可乐中，通常至少存在着5种不同类型的原子：氢、氧、碳、氮、磷。幸运的是，我们购买的可乐不处于元素状态，不然的话，我们就只能买到一瓶底部带着点粉末的气体了。现实中，可乐里的元素会以各式各样（而且美味）的分子组合连接在一起。

化学键连接着原子，若干原子组成了分子。你可以把原子理解为字母，把分子理解为词语，从而更好地理解原子与分子的关系。写字的时候，我们会把字母连在一起，组成词语。而在化学里，我们会把原子连在一起，组成分子。在文字中，字母顺序的不同会造成巨大的差异。比如说，“chemistry of cola”（可乐中的化学）的字母顺序重新调整后，就可以变成“frolicsome yacht”（嬉戏的游艇）。两个词语可以由相同的字母组成，但在调整了字母顺序后，词语的意思也会发生改变。在分子世界里，这一点也是成立的：两个不同的分子所含的原子可以是数量相等、类型相同的，但以不同的方式排布原子后，即使相同的原子也可以组成两种差别极大的物质。

同分异构体

原子的数量相等，类型相同，但排布的顺序不同，我们称之为同分异构体。比如说，丁烷的化学式是C_4H_{10}，中间是碳原子组成的主链，周围环绕着氢原子。

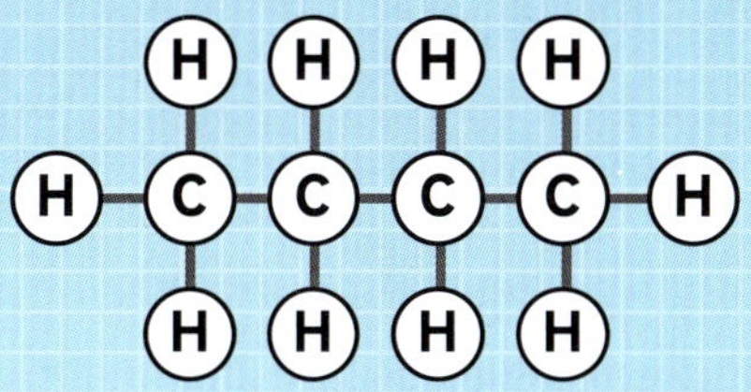

然而，不是所有化学式为C_4H_{10}的分子都是丁烷，这些原子也会以其他方式排布。下面这个是异丁烷，它的化学式也是C_4H_{10}。

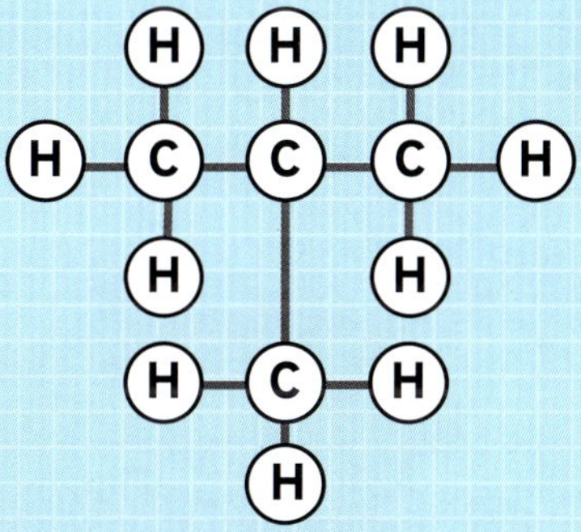

与丁烷由4个碳原子组成的主链不同，异丁烷的主链只有3个碳原子，还有1个碳原子在下方。这两个分子虽然类似，但化学性质却会表现出巨大的差异。比如说，丁烷的沸点是-0.5℃，而异丁烷的沸点是-11.8℃。排布方式不同的原子的数量越多，分子之间的差别就越明显。

化学键的重要性

你或许会认为，原子的组合方式有无数种可能性。但其实，组合方式的多少完全取决于原子可以形成的化学键的数量。氢只能形成1个化学键，而碳可以形成4个。也就是说，所有的氢原子都只能和1个原子结合，而所有的碳原子却能和4个原子结合。所以，化学式是C_4H_{10}的分子，仅有两种排布方式：丁烷和异丁烷（见左侧）。

幸运的是，可乐里的分子不会突然改变结构，变成同分异构体。要把化学键打破并重塑，需要活泼的反应物质和许多能量才能做到。因此，糖和油永远会是糖和油。

探索发现：反应速度和表面积

在第一章里，我们探索并了解了冰的相关知识：冰的化学结构是怎么样的，冰为什么能浮起来，以及如何在瞬间制造出冰。现在，还有一个问题等着我们探索：碎冰和冰块，谁能更快地让饮料冷却下来？

答案是碎冰，其中的原因与冰的表面积有关。不论在化学还是物理中，表面积都发挥着十分重要的作用，它影响着反应速率以及物质的性质。

苹果和氧气

当反应物之间有了接触时，反应才能发生。如果其中一个反应物是固体，那么它暴露在外的表面积就会影响反应速率。以苹果为例，由于外皮的保护，苹果可以在长时间内保持新鲜。但只要你咬了一口，白色的果肉就会慢慢变成棕色，因为空气中的氧气和果肉成分发生了氧化和变色反应。如果苹果皮完好无损，这个反应就不会发生，因为果肉与空气没有接触。然而，当苹果皮破损后，我们用不了多久就能看见反应的结果。

果皮破损后，苹果就会开始腐坏。如果我们咬了一口苹果，被咬的整个区域就会开始发生反应；如果我们把苹果切成两半，两个切面都会发生反应；如果我们把苹果切成片，那么暴露在外的所有果肉表面也都会发生反应。暴露在空气中的表面积越大，苹果腐坏的速度越快。

增加表面积

不论是切成片的苹果，还是被咬了一口的苹果，果肉和氧气所发生的反应是一样的。但是，切片苹果暴露在空气中的表面积更大，接触到了更多的氧气。有的时候，只要把固体切碎，把内表面暴露出来，就能增加固体的表面积，非常简单。

化学家有他们自己的办法来增加表面积。通过创造合适的反应条件，化学家可以创造出从上到下、从里到外都带有孔洞的物质，类似海绵。有了这些孔洞，气体和液体就能深入固体之中，与物质整体同时发生反应。净水系统就使用了这个原理，来快速地清洁水质。

打破纪录

2018年，德国科学家研发出了表面积最大的物质，打破了世界纪录。DUT-60是一个形似笼子的大分子，带有许多孔洞，每1g的表面积高达7800m^2。也就是说，仅仅1g的DUT-60的表面积，就相当于1.1个足球场。

危险的尘土

当反应物的表面积很大时，化学反应会发生得很快，甚至会引发危险。1981年，在英国班伯里的一座蛋糕工厂中，玉米淀粉和空气中的尘土遇火燃烧了起来，引发了一起爆炸事故。消防员把火扑灭后，水混杂着未发生反应的玉米淀粉和蛋奶液，流到了街头。

学习了解：把化学画出来

在第二章里，我们学习了把化学反应中所发生的事情表述出来的两种方法——文字及符号。还有第三种方法，那就是把反应中的分子画出来。使用这种方法，化学家可以简单直观地理解分子的结构。

分子有不同的画法，包括平面画法和立体画法。在这本书里，我们会讲解平面画法。但是要记住，分子是立体的。现实中的分子结构与我们画出来的简单的平面图案是不一样的。

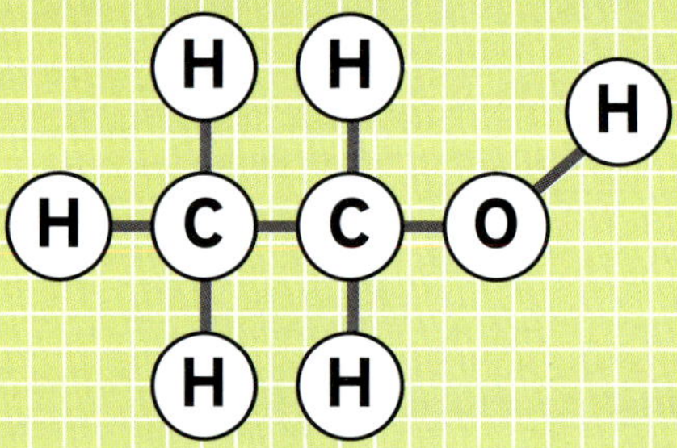

乙醇

原子的结合

右上方是乙醇的分子结构图。乙醇俗称酒精，化学式是C_2H_5OH。画分子时，我们使用元素符号表示原子，直线表示化学键。

右上图中的化学键表示原子在共用电子。原子可以形成1至4个化学键，化学键的数量根据不同的元素而有所不同。氢原子可以形成1个化学键，氧原子可以形成2个化学键，碳原子可以形成4个化学键。在乙醇的这张图中，你可以看到，每一个原子都有着各自偏好的化学键的数量，从而形成稳定的分子。我们应该把右侧的O和H看作一个整体，就像化学式中呈现的那样。

打乱原子结合的顺序

我们需要确保所有原子的化学键数量都是准确的，但是如果我们改变了原子结合的顺序，会发生什么呢？请记住，分子由原子组成，就像词语由字母组成一样。原子或字母的顺序一旦改变，我们就会得到新的东西。

挑战1：

1.乙醇有一个同分异构体，也就是化学式相同但是结构不同的分子。把乙醇分子中的原子重新排布一下，组成新的化学物质——二甲醚。请记住，不能改变化学键的数量。也就是说，氢原子只能有1个化学键，氧原子只能有2个化学键，碳原子只能有4个化学键。（小提示：试一试把氧原子放在中间。）

2.甲烷是一种可燃性气体，大量甲烷会对环境造成危害（牛在消化食物时，会排放出大量甲烷）。甲烷的化学式是CH_4，请画出甲烷的分子结构图。

3.乙烷也是一种可燃性气体，化学式是C_2H_6。画出乙烷的分子结构图，并想一想，乙烷有同分异构体吗？

4.戊烷是一种液体，它的相对分子质量比甲烷和乙烷都要大。戊烷的化学式是C_5H_{12}。请画出戊烷的分子结构图，并算一算，它有多少个同分异构体。

双重麻烦

碳原子喜欢形成4个化学键，但是不一定要和4个不同的原子形成化学键。如果有原子愿意形成1个以上的化学键，那么它是可以形成双键的，比如乙酸异戊酯——香蕉气味的来源。在这个分子中，碳原子和氧原子就形成了双键。

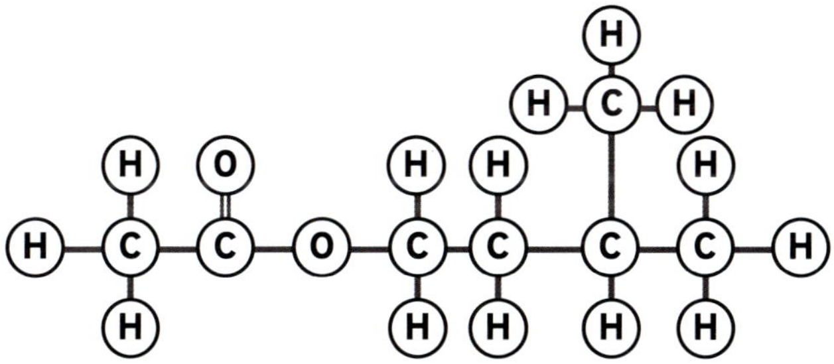

乙酸异戊酯

挑战2：

在二氧化碳（CO_2）分子中，1个碳原子与2个氧原子分别形成了双键。请画出二氧化碳的分子结构图。

（答案见146—147页）

学习了解：表面积的难题

要理解化学反应，一定要理解表面积和体积。所有化学家都必须掌握这方面的数学知识。这一小节我们来学习表面积和体积的相关公式，并实际运用一下。

突击测试：体积与表面积

第72页至73页讲解了表面积在化学反应中有多么重要。根据参与反应的反应物表面积的不同，化学反应可以发生得非常慢，也可以非常快。为了理解并控制反应速率，科学家必须完全掌握与表面积相关的数学知识。同样地，他们也必须拥有精确计算出体积的能力。

本页与第77页的公式会告诉你，如何计算物体的表面积与体积。使用这些公式，解开第77页的问题。圆的半径（r）指圆中心到圆的周边距离；高（h）指物体底部到顶部的长度；π等于圆的周长除以圆的直径。每个圆的π都约等于3.14。

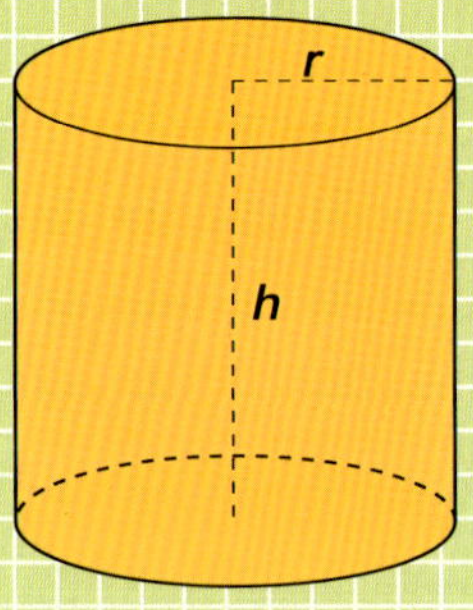

圆柱体的体积 $=\pi r^2h$

圆柱体的表面积 $=2\pi rh+2\pi r^2$

体积与表面积

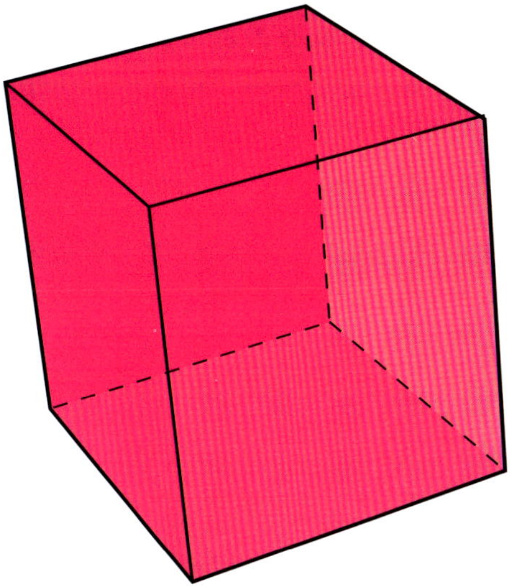

正方体的体积＝a^3

正方体的表面积＝$6a^2$

（正方体的边长为a）

1.圆柱体表面积的公式是两个部分的相加之和。这两个部分分别代表什么?

2.一听可乐是330 mL，高为11 cm。

a）求易拉罐的半径。（小提示：1mL等于1cm^3）（π取3.14）

b）求易拉罐的表面积。

3.一块方形雪糕砖的边长为25 cm（π取3.14）。

a）求雪糕砖的体积。

b）求雪糕砖的表面积。

c）你在雪糕砖上钻了一个圆柱形的洞。这个洞的半径为2.5 cm，它穿透了雪糕。求这个洞的体积，以及被钻洞后的雪糕砖的体积?

4.当你在计算一个物质能以多快的速度吸收液体或气体时，表面积是尤为重要的考量因素。你能想到家里有什么东西，由于表面积很大，从而拥有强大的吸收能力的吗?

（答案见147页）

做实验：断断冒泡的喷泉

把可乐倒进玻璃杯时，你会看到气泡变得越来越多，浮在可乐表面。如果你的可乐有着超级丰富的气泡，那么你可能还会在杯子里的同一处看到气泡不断地产生。

现在，把手指伸进可乐里，仔细观察。你很可能会看到同时感觉到，小小的气泡覆盖在你的指尖上。为什么手指放在可乐里会产生气泡呢？因为手指的皮肤表面非常粗糙。

所有化学反应或化学关键变化都在于能量。化学物质总会以最简单的方式完成自己想做的事情。形成气泡并不容易，如果想形成气泡，气体必须把液体“推开”。气体需要一些帮助才能做到这一点，气泡会在“汽化核心”形成，比如容器破损处、刮痕处，以及粗糙的表面。这些障碍能够减少气泡形成时所需的能量，略微降低了气泡形成的难度。在光滑的玻璃杯表面，一个极小的阻碍就足以帮助气泡生成。

所以，如果你把一个表面非常粗糙的物体放入溶解了大量二氧化碳的液体中，会发生什么呢？一起来看看吧。

你需要：

- 两至三瓶1L的可乐
- 一卷薄荷糖
- 胶带
- 空旷的室外场所以及许多旧衣服

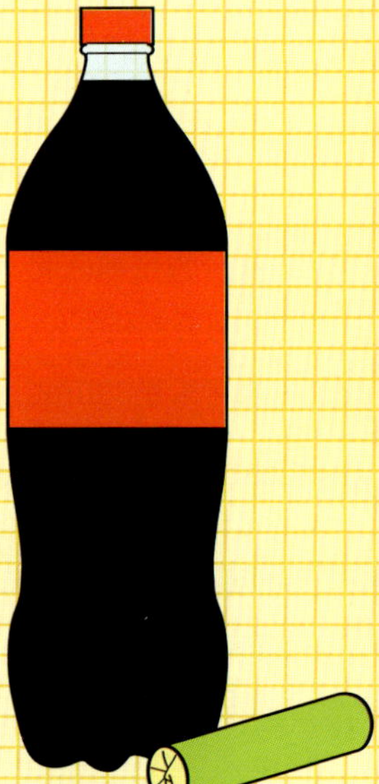

第一步

注意：这个实验会把周围弄得乱糟糟的，而且会留下污渍。

怎么做：

1.在空旷的室外，把一瓶没有开封的可乐放在平整的地面。

2.把薄荷糖的包装纸沿着长边打开，再小心地用包装纸重新包裹住薄荷糖，但是包得比原来松一些。然后，用胶带固定包装纸，一端敞开。这么做是为了让薄荷糖可以迅速地、没有阻碍地掉落。

3.请大人帮你打开可乐瓶，把所有薄荷糖飞快地倒进可乐，然后赶紧躲到旁边！

发生了什么？

薄荷糖的表面是粗糙的，也就是说，溶解在可乐里的二氧化碳会把薄荷糖的表面当作“汽化核心”，气体会大喷发！等喷发过后再喝可乐，你就会发现可乐已经没气了。而一般来说，打开了的可乐在几个小时内都会是有气的。

做实验：探索“扩散现象”

把茶包放进热水里，水的颜色会变深，这就是扩散现象。这是一种物质分子从高浓度区域向低浓度区域转移直到均匀分布的现象。

相较固体，液体和气体中的粒子能够自由运动、相互撞击。也就是说，如果你把两种不同液体或气体放在一起，两者的边界会逐渐变得模糊乃至混合在一起。拿茶叶举例，水和茶叶接触后，水的颜色会变深，这个现象将一直持续，直到混合物逐渐变成同一个颜色。

通过下面这个简单的实验，来看一看“扩散”是怎么回事吧。

你需要：

- 食用色素
- 自来水
- 三个大玻璃杯

怎么做：

1. 首先准备三杯水。把第一杯水凉至室温；往第二杯水里加入冰块，静置几分钟后拿出冰块；往第三个杯子里加入热水。保证每个杯子里的水一样多。
2. 往每个杯子里滴几滴食用色素，注意每个杯子中食用色素的量要相等（两至三滴就足够了），不要搅拌。
3. 拿出秒表计时。观察三个杯子中颜色的扩散情况。记录每一个杯子里，颜色变得均匀所用时间。观察一下，温度会对扩散过程产生什么影响？

发生了什么？

物质的温度越高，其分子热运动就越剧烈。实验中热水中的粒子运动速度更快，所以扩散速度也更快。

延伸实验

做一做以下两个实验，可以进一步探索扩散现象：

a.准备一个扁平的浅盘子，在里面铺一层2 cm的明胶。在明胶表面弄出两到三个小凹陷，间隔要大一些，滴入几滴食用色素。你会看见，食用色素慢慢地以圆环状在明胶中扩散。

b.准备一包五颜六色的裹着糖衣的巧克力豆。把巧克力豆放在盘子上，围成一个圆。小心地把水倒进盘子，让巧克力豆浅浅地浸在水里，但不要完全浸没。巧克力豆的颜色会扩散到水里，形成美丽的七彩图案。

第四章

食物里的化学

探索发现

学习了解

做实验

探索发现：甜甜的科学

如果让人把可乐里的所有成分都说出来，大家提到最多的肯定是糖。几千年来，糖一直是人类最喜欢的食物之一，而且我们消耗的糖逐年增多。但是，糖到底是什么？糖又有什么作用？为什么我们会觉得糖这么好吃呢？

说到糖，你的脑海里很可能会浮现出白色结晶状的粉末。但是，这只是糖的众多形态之一。糖是碳水化合物——一种由碳、氢、氧组成的分子，在人体新陈代谢中起到重要作用。碳水化合物是细胞的燃料，也是细胞结构的主要成分，它们还参与构建了DNA分子的主链。我们一般把结构最简单的碳水化合物称为单糖。

甜甜的，很简单

最简单的糖是单糖，也就是“一个糖分子”的意思。单糖是小分子，通式是$C_nH_{2n}O_n$。其中，n通常是一个小于8的数字，C、H、O分别表示碳、氢、氧。葡萄糖和果糖都是单糖，这两种糖你可能听说过，我们稍后会详细介绍。

两个单糖发生结合，就组成了二糖（“两个糖”）。二糖的两个常见例子是蔗糖（食用糖）和乳糖。蔗糖由一个葡萄糖分子和一个果糖分子结合而成。我们可以继续往二糖中加入更多的糖，形成更长的糖链。

如果单糖的数量在2至10之间，就是寡糖（“很少的糖”）。如果单糖的数量超过10，就是多糖（“很多的糖”）。寡糖可以调节我们免疫系统的功能。多糖，比如纤维素，则是植物细胞的重要组成部分。

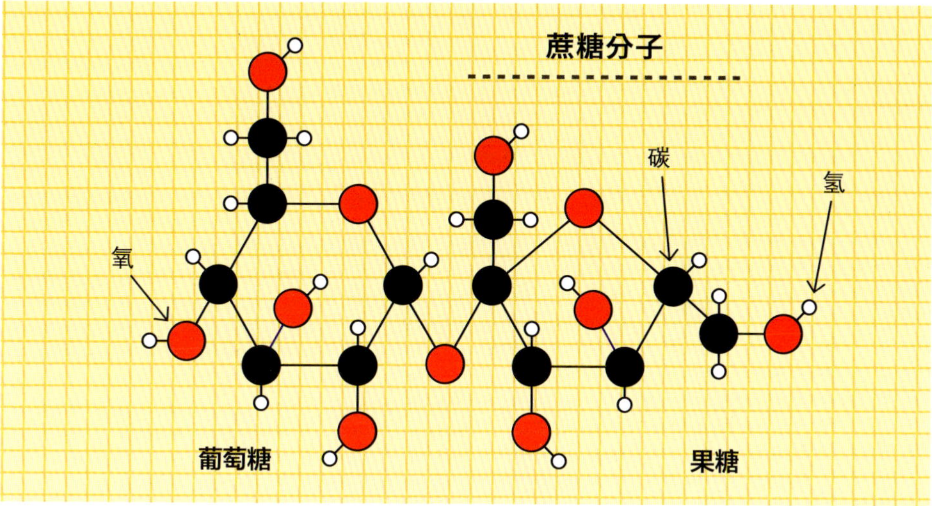

可乐所含的糖，大多数为二糖。大部分的含糖可乐使用的是玉米糖浆。玉米糖浆混合了单糖果糖和二糖蔗糖。果糖是小分子，可以透过肠壁被吸收。也就是说，果糖在短时间内就可以为我们身体所用。而可乐里的蔗糖，则需要经历另一种转换过程，才能被我们的身体利用。首先，人体会把蔗糖分解成两个单糖——一个果糖分子和一个葡萄糖分子。然后，这两个更小的分子才能被肠道吸收，用作细胞的燃料。

糖可以被快速吸收，并立即为人体提供能量，这大概就是人类喜欢吃糖的其中一个原因吧。然而，这也带来了问题。糖能为我们提供能量，但除此之外，糖就没有什么其他功效了。糖不含蛋白质、维生素、膳食纤维，也不含脂肪，而这些都是我们身体所需的。所以我们应该控制单糖和二糖的摄入量，即控制果糖、葡萄糖及蔗糖等的摄入量。

一杯蓝莓含有大约15克糖，以及其他碳水化合物和膳食纤维。

多糖是高分子化合物。阅读第128页至129页，探索高分子的奇妙世界。

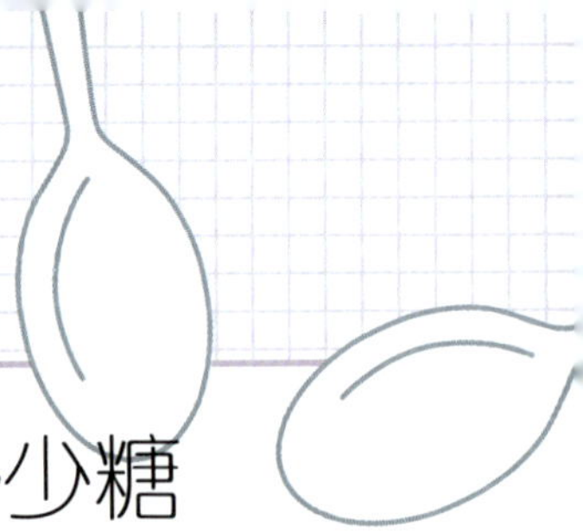

做实验：食物和饮料中藏着多少糖

营养学家提倡，人体每日从添加糖获取的能量不应超过能量总摄入量的10%。摄入比例越低，对身体健康越有益。糖摄入过多，不仅仅会让你的体重上升，也会增加患病的风险。

身体所需的来自食物的能量取决于我们的年龄、健康状况、活动状况以及许多其他因素。在健身或是减肥资讯中，我们经常能看见“卡路里”这个词，1kJ（千焦）=1 000 J（焦耳）=238.9 cal（卡路里）。在本书中，我们会用国际标准能量单位“焦耳”代替“卡路里”。一个人每天需要摄入多少能量，有许多不同说法。不过一般来说，成年男性每日需要10464.6kJ，成年女性每日需要8371.7kJ，长身体的孩子所需能量介于两者之间。

如果说，成年人摄入的能量的10%来自单糖及二糖，那么对于男性来说就是1046.46 kJ，而对于女性来说则是837.17 kJ。

每100 g糖约含有1632.48 kJ能量，所以，男性的糖摄入量应该控制在64 g，而女性的糖摄入量则应该控制在51 g。一听可乐大约含有35 g糖，这已经超过男性推荐糖摄入量的一半了。

你可能知道原味可乐含有大量的糖，但你不知道的是，一些尝起来味道不太甜的食物也含有糖，甚至含糖量还不低呢。你认为的健康食物也可能含有许多糖。让我们一起来看一看，不同的食物和饮料到底含有多少糖吧。

你需要：

- 纸和笔
- 食物和饮料
- 方形铝箔纸
- 厨房秤
- 家人或朋友
- 糖

怎么做：

1.食物和饮料的包装上，通常会列出每100g食物或每100mL饮料的含糖量。把你所挑选的食物的相对含糖量记录下来。

2.将方形铝箔纸当作托盘。称出与食物所含糖量重量相等的糖，放入锡箔纸中。把这些糖放在食物旁边，看看不同的食物中都藏着多少糖。

3.请朋友或者家人把食物和饮料与对应的糖量配对。看看他们答对了多少个。

发生了什么？

你可能会感到惊讶，食物和饮料中竟然含有那么多糖！每100mL果汁，比如苹果汁和橙汁，它们的含糖量可能和原味可乐一样多。低脂肪的食物，比如酸奶，同样含有大量的糖。这是因为酸奶制作流程中脂肪含量降低后，需要用糖来提升味道。甚至连咸味的食物，比如鸡汤罐头，也含有糖。所以，我们很容易在不知不觉中摄入了过多的糖，甚至超过了营养学家推荐的摄入量！

探索发现：可乐里藏着的玉米

在世界上的大多数国家，尤其在美国，糖广泛来自于玉米。虽然在玉米地里，你不会看到穿着实验工作服的化学家，但是他们在确保食物的安全、多产及美味等方面发挥了关键作用。

农业化学家保障着我们的粮食生产，确保人们有足够的、安全的食物。

在种子被播种到土壤里之前，化学家的工作就已经开始了。他们要确保土壤中的养分处于适当的水平，这一点对于集约农业来说至关重要。预计2050年，全球人口将超过90亿。地球需要靠农田喂养的人口比以往任何时候都多。为了应对这个问题，人们会使用肥料，主要目的是为农作物提供足够的氮，让农作物茁壮成长。农作物不能从空气里直接摄取氮，所以化学家把氮加工成一种更活泼的分子，再使用这种分子制作肥料。这个过程被称作哈伯法，它所消耗的能源在全球能源消耗中的占比超过了1%。

研发杀虫剂

化学家在保护农作物免受虫害方面也发挥了重要作用。他们通常会从大自然中汲取灵感。为了制作杀虫剂，化学家研究了植物的天然防御方式并尝试加以改进，然后运用到农作物身上。比如说，有的植物在遭到昆虫啃食时会释放化学信号。化学家对这些化学信号进行了分析，不断尝试复制它们，并大规模地运用于农业。天然杀虫剂被研制出来后，希望那些功效极端、在杀死害虫的同时也对生态环境有害的杀虫剂不再被使用。

即使农作物汲取了足够的营养，能够健康生长而且没有受到虫害，它距离被用于制作可乐也还有很长的一段路。人们收割玉米后，首先会将它们碾压成玉米淀粉。然后，人们会把玉米淀粉与水混合，并加入第一种酶。这种酶会把玉米淀粉分解成小分子。接着，人们再使用第二种酶把这些小分子转换成糖，从而得到玉米糖浆。

玉米糖浆中，42%是果糖，58%是葡萄糖。我们可以使用这种玉米糖浆进行烘焙，但是还不能用它来制作可乐。接下来，人们会往玉米糖浆中加入第三种酶，提升糖浆的甜度。在这个过程中，部分葡萄糖会转换成果糖，使糖浆的味道变得更甜。这是因为我们的舌头认为果糖的甜度是葡萄糖的两倍。

甜甜的糖浆

玉米首先会被制成玉米淀粉，然后才会被制成高果糖含量的玉米糖浆，用于可乐制作中。

探索发现：不会消失的能量

化学反应会不会发生、如何发生，这都取决于能量。化学反应会形成或打破化学键，这个过程会吸收或释放能量。

能量是复杂的，它最简单的定义是：做功的能力，也就是让物体在受力后状态发生改变。能量会改变状态，从而会导致物体产生运动。能量的国际单位是焦耳。

让我们用通俗易懂的话（也许不那么严谨）来解释一下能量的几种主要形式：

磁能：两块磁铁的同极靠近时，让它们相互排斥的能量。

热能：物质中原子和分子的运动。

化学能：储存在化学键中的能量。

弹性势能：让拉伸或变形的物质回到本来的状态的能力，比如橡皮筋。

电能：电以各种形式做功的能力。

核能：储存在原子核中的能量。

重力势能：物体由于被举高而具有的能量。

动能：物体由于做机械运动而具有的能量。

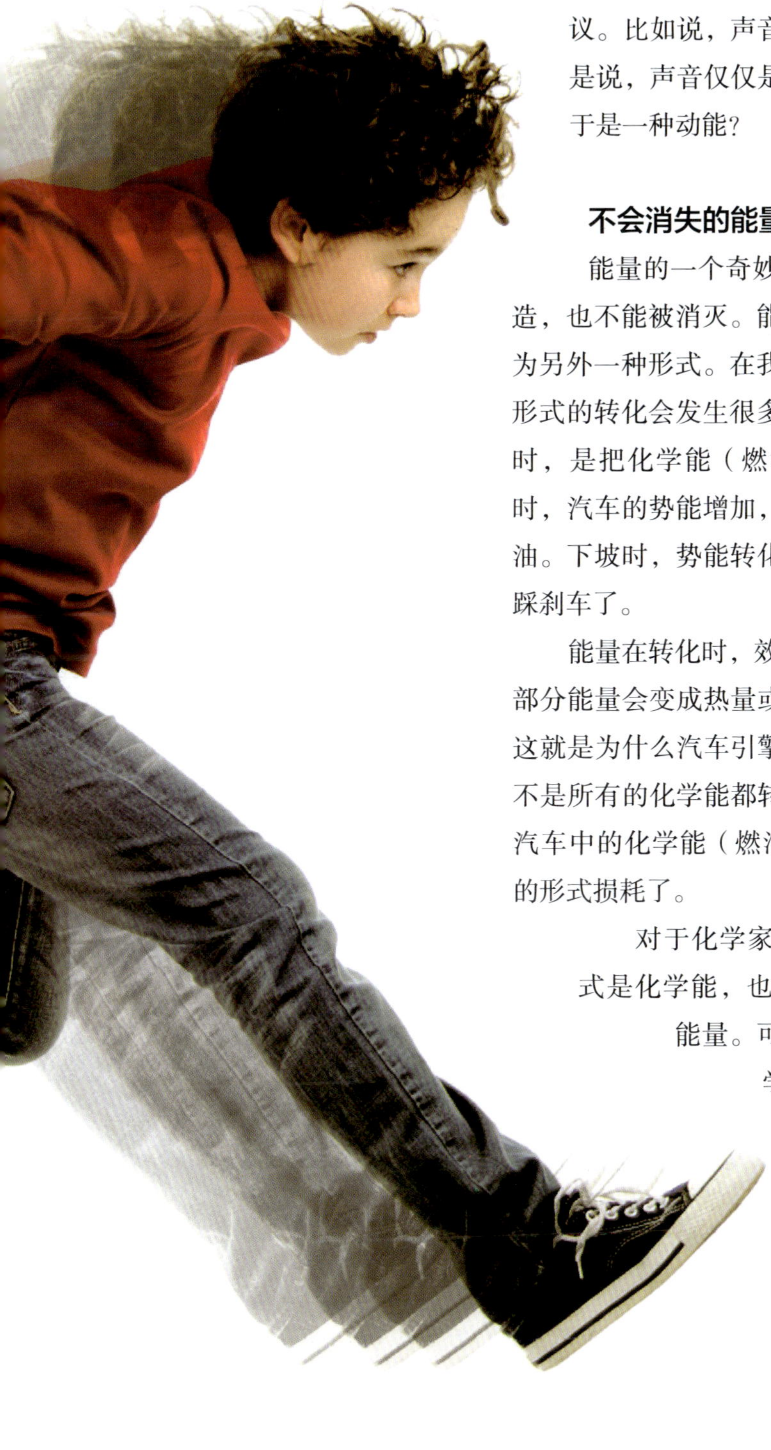

上面列出的能量形式并不完全。能量形式到底有多少种，对此人们还有着争议。比如说，声音本身是一种能量吗？还是说，声音仅仅是粒子的运动，也就相当于是一种动能？

不会消失的能量

能量的一个奇妙之处在于，它不能被创造，也不能被消灭。能量只能从一种形式转变为另外一种形式。在我们的日常生活中，能量形式的转化会发生很多次。比方说，开车出行时，是把化学能（燃油）转化为动能。上坡时，汽车的势能增加，从而需要消耗更多的燃油。下坡时，势能转化为动能，这时就需要踩踩刹车了。

能量在转化时，效率并不是100%的，总有部分能量会变成热量或声音，丢失在大气中。这就是为什么汽车引擎在工作时会变热，因为不是所有的化学能都转化为了动能。我们放入汽车中的化学能（燃油），超过50%都以热量的形式损耗了。

对于化学家来说，最重要的能量形式是化学能，也就是储存在化学键内的能量。可乐中与能量最相关的化学物质是糖，我们的身体在吸收了这些糖后，也会分解糖，以此来释放出能量供身体利用。

探索发现：能量饮料

喝下甜甜的可乐，你会感到能量倍增。糖富含人体易于获取的化学能，可以迅速地为我们身体所用。但是，人类每天需要多少能量呢？

你吃的早餐里，就储存着化学能。身体会把化学能转化为供我们活动的能量、热量，甚至少量的电流。这些电流会把神经信号传递到身体的各个地方。

读一读可乐易拉罐上的营养成分表，你会看到以千焦（kJ）为单位的糖的能量。不过，化学家很少使用卡路里作为度量单位。能量的国际标准单位是焦耳（J），1 kcal等于4 185.85 J。

如果人类不靠食物，而靠电池供给能量的话，我们每天需要超过1 000节的5号电池，才能正常运转身体！

如果有人问你，800 km远吗，你可能会回答：远。如果有人问你，2 000℃热吗，你可能会觉得热。但是，我们对能量的衡量也许比较陌生。50 J多吗？500 J呢？500万J呢？

超级多的能量

平均来说，一瓶可乐含有879 028.5 J的能量。换句话说，就是足够把879 028.5颗鸡蛋举到1.5 m高的能量。如果把我们每日所需的能量转换成焦耳，那可是惊人的上千万的焦耳了！

这个数字或许看起来很吓人，但是我们确实需要这么多能量。因为我们的身体在使用能量时效率并不高。我们从食物及饮料中摄取的能量，只有一部分被用于支撑我们跑步、跳跃、踢球等活动，大部分都以热量的形式散失了。想一想，你在跑跑跳跳的时候，是不是会觉得很热呢？这就是低效率的能量转化过程的副产品。

每天只要喝下12听可乐，你就能获得1 000万J的能量，可是你的身体却会发出抗议。因为可乐不能给我们带来任何其他营养，比如蛋白质、脂肪、维生素和矿物质，而我们需要这些营养成分来保持身体健康。

精力充沛的鸡蛋

通过这个在厨房里就能完成的小实验，你可以更好地理解什么是1J的能量。把一个大而深的烤盘和一个鸡蛋放在地上。拿起鸡蛋，举在烤盘上方，距离地面1.5m高。质量大概为65g的物体（也就是鸡蛋）在被举起离地1.5m高时，拥有1J的势能。如果把鸡蛋扔到烤盘里，1J势能就会转化为1J动能。最终，鸡蛋会被砸碎，释放出能量。大部分能量以声音的形式被释放，小部分能量以热量的形式被释放。

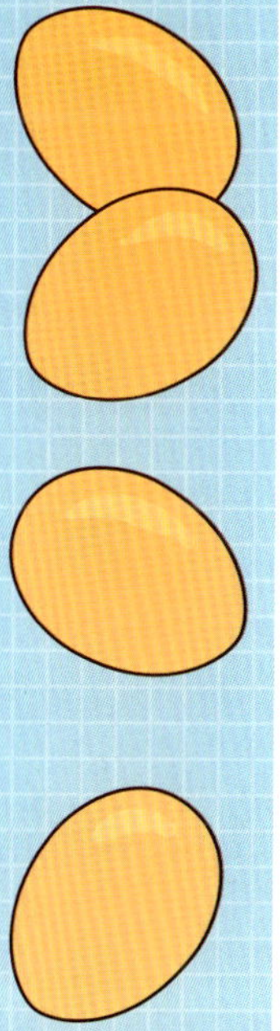

做实验：密度彩虹

水可以浮在……水上吗？这个问题听起来很奇怪，但答案是可以的！把水和其他成分混合在一起后，水的密度会变大。在这个实验里，你将会把不同密度的糖水溶液混合在一起，创造出七彩糖水。

在第14页至15页，我们已经学习过，密度等于质量除以体积。密度的符号是 ρ，单位是克每立方厘米（g/cm^3）。如果要计算物体的密度，可以使用以下公式：

$$密度=\frac{质量}{体积}$$

$$\rho=\frac{m}{v}$$

在室温下，水的密度是 $0.998\ g/cm^3$。但只要往水里加糖，就能轻松改变水的密度。因为当糖溶解在水里时，溶液的质量会增加，而溶液的体积却没有增加。制作出不同密度的水后，你就能让它们一层层地浮起来了。

你需要：

· 高玻璃杯
· 食用色素（至少一种，最好五种）
· 砂糖
· 水
· 厨房秤
· 五个小玻璃杯
（可微波炉加热）
· 勺子
· 厨房纸

请务必在成年人陪同下进行实验

第一步

怎么做:

1.往五个小玻璃杯里分别加入50 mL自来水，再往每个杯子里滴几滴食用色素。如果你只有一个颜色的色素，那就只加到第一个、第三个和第五个杯子里。如果你有五个颜色的色素，那就往每个杯子中加入不同颜色的色素。

2.第一个杯子里不加糖，往第二个杯子里加入15 g糖，往第三个杯子里加入30 g糖，往第四个杯子里加入45 g糖，往第五个杯子里加入60 g糖。

3.把糖和水搅拌均匀。你会发现，第二个和第三个杯子里的糖会迅速溶解，第四个和第五个杯子里的糖溶解得慢一些。如果搅拌了几分钟后，糖还没有溶解，那就把玻璃杯（可微波炉加热）放入微波炉里加热，一次10 s，稍稍提高水的温度。糖水的温度升高得很快，所以不要把水加热得太热，注意不要泼洒到自己的皮肤上。可以请成年人帮忙。

第七步

4.等第五个杯子里的糖溶化得差不多时，把杯子里的溶液倒入高玻璃杯中。

5.把厨房纸裁剪成约3 cm宽、10 cm长的形状。把厨房纸的一端浸入第四个杯子，然后把湿的厨房纸贴在杯子的内壁上。厨房纸应该是不会掉下来的。

6.利用厨房纸把液体导入高玻璃杯：让液体缓缓地通过厨房纸，进入高玻璃杯；而不是拿起小杯子，直接往高玻璃杯里倾倒溶液。第四个杯子里的液体的密度应该小于第五个杯子的液体，所以会浮在上方。

7.重复第五步和第六步，按顺序依次往高玻璃杯中倒入第三个、第二个及第一个杯子里的溶液。

发生了什么？

你会得到一杯有着不同颜色、不同密度的分层溶液。你能明显看见，水溶液是浮在水溶液上面的。

做实验：下沉的糖

你能区分原味可乐和无糖可乐吗？大部分人可以。可乐含糖量的不同会体现在味道和口感上。但是，你能不能不靠喝，只靠肉眼观察来区分它们呢？

你需要：

· 一听原味可乐
· 一听无糖可乐
· 大盆
· 水

怎么做：

1.往盆里装满水，把原味可乐放进水里。发生了什么？它能浮起来吗？

2.现在，把无糖可乐放进水里。发现区别了吗？

发生了什么？

你可能发现了，无糖可乐浮了起来，而原味可乐却沉了下去。如果你的饮料没有沉下去，这说明你使用的饮料含糖量不够高。去找找含糖量高的饮料来做实验，越高越好。

浮力测试

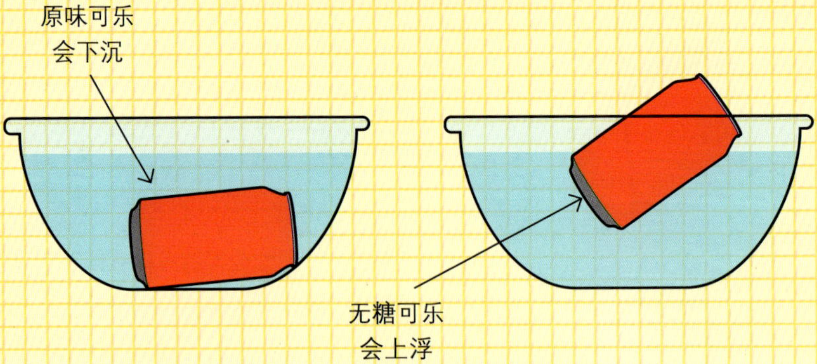

甜度

一听原味可乐和一听无糖可乐的体积相等，但是密度并不相同。在无糖可乐中，人们用甜味剂取代了糖。甜味剂的用量与糖的用量是不一样的。饮料中的人工甜味剂比糖甜大约200倍，所以甜味剂的用量会少许多。原味可乐中含有35g糖，而在同体积的无糖可乐中，只有不到1g的甜味剂。

体积、质量和密度

一般来说，把固体溶化在液体中，这不会改变液体的体积，但会增加液体的质量和密度。为了更好地理解这一点，我们来用一个装着意大利面的罐子举例。

罐子里全是意大利面，但还没有完全装满。你仍然可以往里面加入大米，大米会填满意大利面之间的空隙。

罐子里装满了意大利面和大米后，你还可以往里面加盐。只要摇一摇，你就能往意大利面和大米之间倒入大量的盐。到了这一步，即使罐子已经很重了，看上去也满满当当的，但是你仍然可以往里面继续加水。

固体溶于液体中时，固体会填充液体粒子之间的空隙。这就是为什么无糖可乐的体积和原味可乐一样，但是密度却更低（添加甜味剂质量少）。

延伸实验

在延伸实验中，不如一起来看一看饮料到底能添加多少糖吧。最好使用柠檬味碳酸饮料，因为它是无色的。往玻璃杯中倒入一听柠檬味碳酸饮料。一边搅拌，一边持续加入糖，一次加一勺。一开始，糖可以轻松溶解。但是渐渐地，你需要搅拌越来越长的时间，才能让相同质量的糖溶解。最后，不论你再怎么搅拌，糖都无法溶解了，只能沉淀在杯子底部。当糖无法继续溶解时，你就做出了一杯饱和溶液。

探索发现：太幸运了，甜味剂是这样被发现的

最初，为了掩盖可乐中咖啡因的苦味，人们往可乐中添加了糖。没想到，这股甜味很受欢迎，成为可乐的标志性特征。然而，随着可乐销量的增加，高糖量摄入的问题也日渐凸显。

每一听原味可乐就含有35 g糖，高糖量摄入会影响我们的牙齿和身材。1981年，“减肥可乐”诞生，这种饮料使饮料市场发生变革。这种不含糖的甜味饮料巧妙地利用了化学原理，永远地改变了人们喝饮料的习惯。

幸运的是，在1886年可乐诞生不久后，化学家就开始使用人工甜味剂做实验，尝试解决这个问题了。

人工甜味剂

在大众的心目中，可乐就应该是甜的。如果你喝了一瓶既不含糖也不含甜味剂的可乐，那么你根本不会认为这种苦苦的饮料是可乐，而且会觉得它非常难喝。对于可乐生产商来说，既要保留可乐独特的味道，又要去除创造出这种味道的关键元素——糖，是一个非常大的挑战。

当我们摄入甜食时，舌头上的味觉细胞会向大脑传递信号，触发大脑的奖赏机制。一定要记住，糖不是一种化学物质，而是一类化学物质，包括蔗糖、果糖、乳糖、葡萄糖，等等，它们都能为大脑提供能量。寻找糖的替代品的难点在于，要找到另外一种可以刺激这些大脑细胞、让大脑释放快乐感觉的化学物质。

甜甜的卡路里

在无糖可乐中，阿斯巴甜代替了糖，而无糖可乐几乎是零热量的。当你知道，阿斯巴甜的热量比糖还高，你会不会感到很吃惊呢？其实是因为阿斯巴甜比糖甜200倍，所以只需要添加一点点量就可以了。

甜甜的惊喜

1879年，俄国化学家康斯坦丁·法尔贝里在实验室忙了一天后，下班回家享用晚餐。回到家后，他没有洗手，就拿起面包咬了一口，却发现面包格外的甜。他想，那大概是一块蛋糕吧。随后，他用水漱了漱口。当他用餐巾纸擦嘴时，他尝到了一个更甜的味道。原来，法尔贝里的双手沾上了他在无意间发现的糖精——一种比自然糖甜200倍的甜味剂。

就连无糖可乐的发明，也要归功于运气。那个时候，化学家詹姆斯·施拉特正在研究胃溃疡的治疗药物。在拿起一张纸之前，他舔了舔自己的手指，随即就被手指上的甜味震惊了。他在无意间制作出的合成物之一就是阿斯巴甜，后来被广泛应用于全世界的无糖饮料中。

虽然有这些幸运的先例，但是你在实验室里做实验时，可千万不能让手指靠近嘴巴！

人们从一种爵床科兰唇花属植物中，提取出了比糖甜3 000倍的化合物——莫纳甜！

探索发现：不可或缺的油

仅仅把可乐的原料——糖、酸、水和咖啡因混合在一起，是无法制作出可乐的独特味道的。还有一类奇妙的分子，为可乐以及我们周围的世界增添了风味，那就是香精油。

香精油听上去非常重要，但是它与人体必需的维生素和矿物质还是有所差别的——对我们的生存来讲，香精油并不是必需的。香精油是一种气味强烈的液体，可以从许多植物中提取出来，包括薰衣草、橙树、肉桂和肉豆蔻等。香精油含有该种植物的香气或者香精。

香荚兰

数百年来，人们使用香精油创造出诱人的香味及可口的味道。香精油的种类非常多，允许被用于食品行业中的就有150种。在可乐里，你可能会发现肉桂油、香草油、橙子油、肉豆蔻油，等等。大品牌的可乐公司的混合配方是他们的重要机密。

易挥发的香气

我们把这些有着美妙气味的化学物质称作挥发性芳香族化合物，这个名称有些复杂。在化学家看来，“挥发性”的意思就是容易蒸发的。具有挥发性，这对于被用来制造芳香气味的物质来说，用处非常大。因为这意味着这种化学物质可以迅速地、轻易地变成气体，被你的鼻子探测到。“化合物”也很好解释，就是由两种或两种以上不同元素组成的纯净物。而我们这里所说的化合物主要由碳、氢和氧组成。“芳香族”这个词倒有些复杂。

我们前面说了那么多关于气味的话题，如果你认为，芳香族化合物肯定有着独特的气味，那这也不能怪你。但是在化学的世界里，芳香族化合物并不一定带有独特气味。“芳香族”这个词语在化学里有着特定的含义，指代的是有着环状结构及独特电子排布方式的碳基分子。

下方是两种你可以在可乐里找到的香精油成分：肉桂醛（来自肉桂油）和香草醛（来自香草油）。两种物质的分子都带有一个六角圆环，周围围绕着共用电子。这个圆环被称为芳环。

为什么化学家要使用“芳香”这个词语来形容分子内的一种结构特征呢？这个问题还没有答案。有的芳香族化合物的气味很好闻，有的很难闻，还有的则根本没有气味。有人假设，化学家是在一种有着强烈香味的化合物中，例如，香精油中首次发现了这种结构特征。因此，他们就误以为这类化合物都有着独特的气味。

虽然油与水难以混溶，但是可乐并不需要太多的香精油。可乐中的香精油占比仅为0.5%。然而，如果没有了香精油，我们喝的就只不过是糖水而已。挥发性物质的世界是奇妙而复杂的，它们共同作用，创造出了独特的味道。

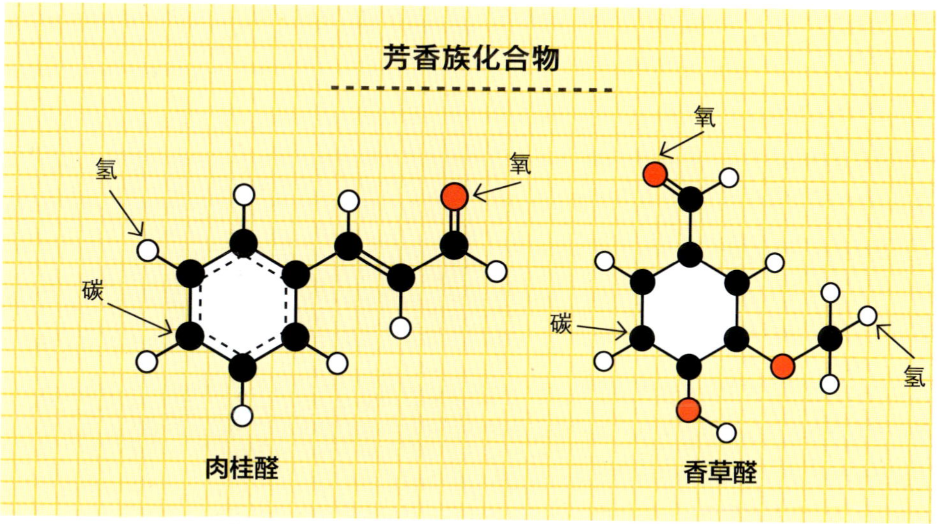

探索发现：刺激的咖啡因

可乐最初是一种滋补补药，用于帮助对强效药物上瘾的人们。为了达到这个目的，可乐的创始人往里面添加了咖啡因。

咖啡因（化学名称：1,3,7–三甲基黄嘌呤）是由8个碳原子、10个氢原子、4个氮原子及2个氧原子组成的分子，是世界上使用最广泛的精神药品之一（起到调节情绪及行为的作用）。85%的美国人每天都会摄入咖啡因。咖啡因之所以被列为精神药品，是因为它能让我们感觉更清醒，甚至还能提升我们的运动状态。

可乐里的咖啡因最初来自可乐果。而现在，人们已经在全世界约60种植物中发现了咖啡因。咖啡因味道苦涩，可以驱赶想要啃食植物的害虫，相当于植物的驱虫剂。咖啡和茶里的咖啡因浓度是最高的。用热水冲煮咖啡或者茶叶，你就能获得一杯富含咖啡因的饮料。

咖啡因分子

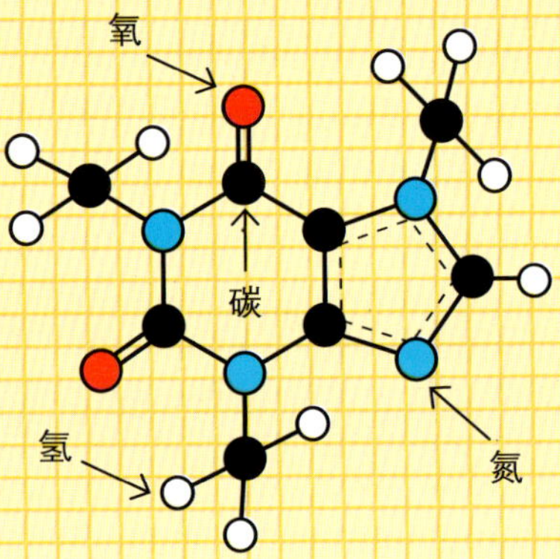

蜘蛛喝咖啡，会发生什么？

20世纪40年代，科学家做了一系列实验，并在1984年又再次进行。在实验中，科学家让蜘蛛喝下咖啡，然后监控它们的织网行为。实验发现，蜘蛛在摄入咖啡因后，织网能力有所下降，织出来的网很不规律，中间还有大大的漏洞。

保持清醒

通常来说，在喝下咖啡、茶或可乐的一小时后，咖啡因的作用就会显现，饮用者会变得更加清醒。原因在于，咖啡因会影响一种让我们感到困倦的化学物质——腺嘌呤。人体会自然产生腺嘌呤，在我们醒着的时候，腺嘌呤会在神经内逐渐积聚。我们醒着的时间越长，神经内的腺嘌呤就越多。当身体检测到大量的腺嘌呤后，大脑就会产生信号，让我们感到困倦。咖啡因能够干预人体检测腺嘌呤的能力，因此，让我们变困的反应就难以发生。

咖啡因不仅仅是人们生活的提神品，也是一种药物的成分。这种药物被用于治疗有呼吸问题的早产儿。而且人们还发现，咖啡因可以提高非处方药的疗效，比如阿司匹林。不过，咖啡因也有坏处。它会使血压升高，延迟睡眠，让部分人感到焦虑。此外，咖啡因还会成瘾。如果喝了太多咖啡或可乐，我们的身体就会开始渴望咖啡因。要是哪天没有摄入咖啡因，身体可能会出现轻微的脱瘾症状 。

随着时间的推移，我们的身体会逐渐适应摄入的咖啡因。因此我们会需要越来越大的剂量，才能获得相同的效果。

探索发现：晶莹剔透的晶体世界

说起水晶，你可能会想到不同的东西：闪闪发光的珠宝、精致的水晶杯，甚至还有魔法。其实，水晶（晶体）还有一种更小、更日常的形态，那就是小小的糖粒与盐粒。这种微观之美只存在于晶体世界中。

理解、制造并控制晶体，这是许多学科的重要研究领域。毕竟，我们会食用晶体、穿戴晶体，甚至使用晶体建造东西。所以，晶体到底是什么？要想明白这个问题，我们必须深入物质的结构之中，看看它的原子、离子和分子。

紫水晶标本

重复的图案

在第4页至5页，我们学习了固体、液体和气体，知道了固体由紧紧堆积在一起的原子、分子或离子组成，晶体就是固体的一个特殊分支。在晶体中，原子、分子或离子会组成重复的规则图案。想一想棋盘的图案：黑色、白色、黑色、白色、黑色、白色……不论往左还是往右，你都会知道下一个格子是什么颜色的。晶体和棋盘类似，也有着规则的图案。但不同的是，晶体的图案是立体的。

食盐的化学成分是氯化钠，化学式是NaCl。通过化学式，我们可以知道，在食盐中，每1个钠离子对应1个氯离子。如果我们制作一个氯化钠的平面棋盘，那么它的图案就是：钠、氯、钠、氯。

食盐的结构

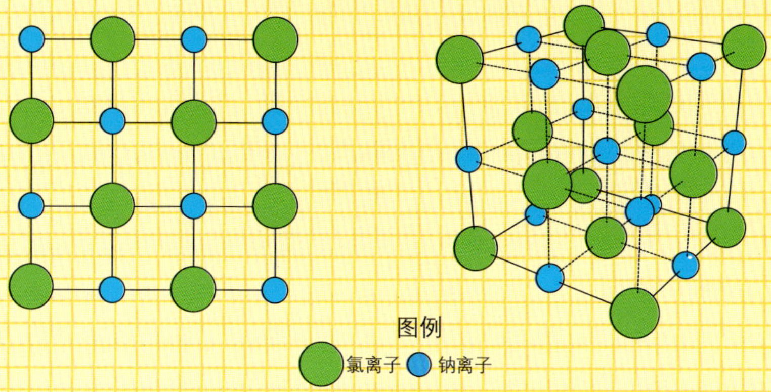

在上方的图形中有8个钠离子和8个氯离子，1个钠离子对应1个氯离子，这没有错。但是，晶体并不是平面结构，我们还需要在上方和下方加上粒子层。我们要让氯化钠的化学式在立体空间中也能成立。所以，每1个钠离子的上方和下方都得有1个氯离子，反之也是如此。

这就是食盐的晶体了！只带有几十个原子的晶体是非常小的，还不到我们人体细胞的一半大。而在现实中，食盐晶体要大得多。一颗盐粒所含的离子数量就超过了100万的三次方（1 000 000 000 000 000 000）个。也就是说，晶格（晶体中不断重复的“棋盘”图案）在每个方向上，都有着数十亿个离子。不过，虽然晶体非常大，但只要以一个钠离子为起点，无论往上、往下、往左、往右、往前或者往后，你看到的下一个离子都是氯离子。

糖

糖分子是一种复杂的分子。糖的晶体和氯化钠的晶体在结构上有着巨大区别。糖分子的排布并不整齐，重复性的图案长度和宽度都不如氯化钠晶体。也就是说，糖所形成的晶体都非常小。一颗糖粒含有上百万个被称为微晶的小小晶体。

做实验：制作晶体

糖是制作可乐的主要原料之一。糖变干时，它的形态就会变成白色的晶体。晶体的大小取决于形成时的环境。

通过下方的实验，试一试你能制作出多大的晶体。

你需要：

- 木签
- 小平底锅
- 500g糖
- 250mL水
- 高玻璃杯
- 硬纸板或晾衣夹
- 黏土
- 食用色素
- 厨房秤

怎么做：

1. 请成年人帮忙，把水倒进平底锅里，小火煮沸。把糖分成几份，每份20g至60g，分次慢慢倒入锅中。小心地搅拌锅里的水，确保糖全部溶解。注意，不要被滚烫的糖水烫伤！
2. 继续往锅里倒糖，直到水变得浑浊，糖再也无法溶解为止。现在，锅中的液体被称为过饱和溶液，也就是说，水里溶解的糖量，已经超过了水在室温下可承受的最多的糖量。
3. 关火，往锅里滴几滴食用色素，静置放凉。
4. 把硬纸板裁剪成直径至少为2cm的圆，面积要大于杯口。用木签在圆心戳一个小孔。

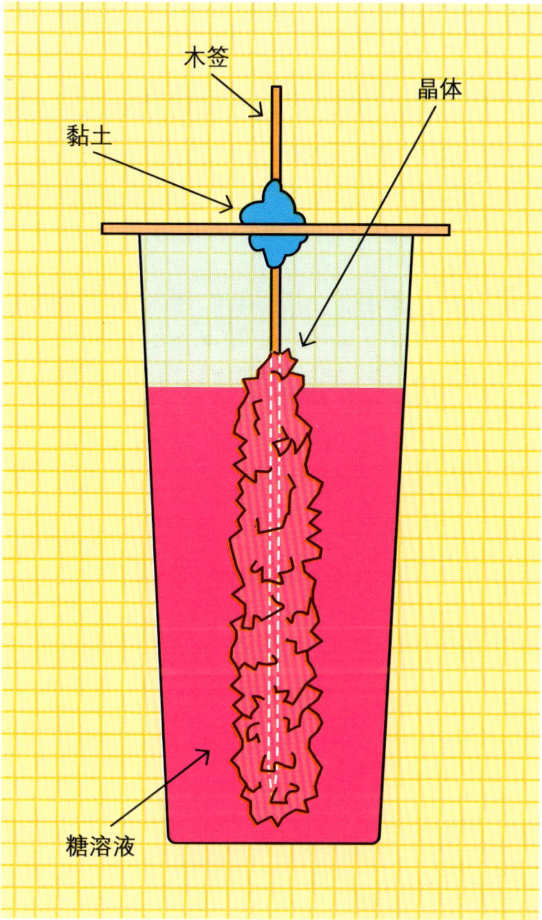

5.把木签的一端打湿，沾上一些剩余的糖。把干净的另一端穿入硬纸板的小孔中，让木签沾糖的一端的长度比玻璃杯的高度短2cm。在硬纸板的两面都粘上黏土，以固定木签。

6.把糖溶液倒进玻璃杯，把木签沾糖的一端放进液体里。因为有硬纸板固定着木签，所以木签可以悬在玻璃杯的正中央。

7.好好地存放玻璃杯，大约一周的时间。

8.两至三天后，你应该就能看见木签上有晶体形成。你可能还会发现，液体表面也长出了晶体。如果你发现了后者，最好把它们去掉。

9.当你觉得木签上的晶体足够多时，就可以把木签拿出来近距离观察了。

发生了什么？

溶液中多余的糖会倾向于回到晶体的状态。最容易长出晶体的地方就是晶体，也就是说，晶体会越长越多！

探索发现：可乐的秘密

可乐的市场竞争激烈，潜在的盈利空间很大。仅仅在美国，可乐的年销售额就超过了140亿美元。饮料公司都希望打造出口味完美的可乐，但是，大公司们对他们的可乐配方都守口如瓶。

在彭伯顿医生发明可乐的两年后，他陷入了财务困境，健康状况也不容乐观。于是，在1888年，他决定卖出他最宝贵的财产——可乐的原始配方。从那以后，人们就开始千方百计地想挖出世界上最受欢迎的饮料的秘密配方。市场上领先的可乐品牌乐于营造这种神秘的氛围，许许多多的奇闻怪谈也应运而生。

神秘的味道

你或许认为，既然可乐瓶子上已经把配料按照用量顺序列了出来，那么可乐配方的秘密应该不难解开。但是这其中存在着一个大问题，那就是“天然调味料”。按照当时食品行业的标准，调味料不属于配料，而且只要它对人体无害，就不必列在食品包装上。因此，可乐的独家配方仍旧是一个谜。

可乐最大的生产商万分谨慎地保管着秘密配方，就连公司的员工也无法得知。在可乐工厂中，你会看见工人们把水和多种原料混合在一起。然而，这些原料上的标签写的并不是原料的名字，而是数字。有几种原料是大家熟知的，比如糖、色素、咖啡因、磷酸，其余的原料则比较神秘。其中，最神秘的原料当属“7x”。人们认为，“7x”是一种香精油的混合物，能为可乐增添风味。

气相色谱法

不过，原料上的神秘标签还不足以骗过化学家，世界上有许多技术都可以解开神秘原料的配方之谜。其中一种被用于解开可乐秘密的技术，就是气相色谱法。色谱实验是一系列化学分离和分析方法的总称，关键在于分离化学物质，在室内就能进行。

使用气相色谱法时，我们需要把少量样本注入一根长长的螺旋管道，管道中含有惰性气体（见第60页至61页）。样本中的化学物质与惰性气体一同通过管道，在另一端接受检测。化学物质的大小与化学成分各不相同，因此它们通过管道的时长也不一样。这就意味着，样本中的每一种化学物质会被分离出来。

化学家在前三大可乐品牌的产品中，找到了58种合成香料。其中，大部分气味都来源于香精油（见第100页至101页）。有些气味在人们的意料之中，比如柑橘；有些气味则相当古怪，比如对甲酚，它的味道就像是动物身上的味道！

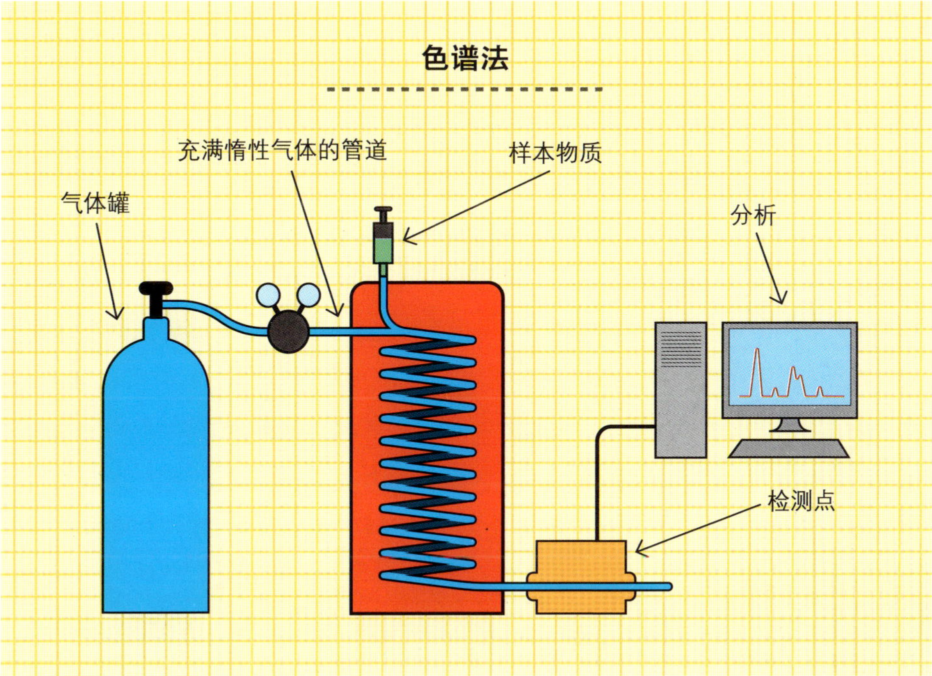

做实验：彩色糖果

“色谱法”这个词语涵盖了一系列化学实验方法，除了气相色谱法外，还有液相色谱法、薄层色谱法，等等。这些方法的共同点在于，把复杂的样本放入某种物质中，逐一分离出样本的化学成分。其中的原理是，样本中的化学成分会以不同的速度穿过该种物质，从而达到分离的目的。

这些色谱法的不同点在于，分离化学物质的具体方法不一样，分析的样本种类也不一样。气相色谱法可以分析气态样本，样本会穿过一根含有惰性气体的管道；液相色谱法可以分析液态样本，样本会穿过一根柱子，柱子里含有许多微粒或是带有小孔的固态材料；薄层色谱法也被用于分析液态样本，不过，这个方法会使用涂着薄薄的凝胶的平面，以分离出样本的化学成分。

还有一种色谱法，叫纸色谱法。在这个实验里，我们就将使用这个方法，把彩色糖果中的染料分离出来。

你需要：

- 不同颜色的糖果，比如彩色糖豆
- 咖啡滤纸（糖豆有多少种颜色，就准备多少张滤纸）
- 剪刀
- 小玻璃罐
- 一杯水
- 一壶水
- 铅笔
- 胶带
- 些许盐（不是必需的）

怎么做：

1. 把咖啡滤纸剪成细条，每条宽约2.5 cm，长度比玻璃罐的高度略长一些。
2. 拿起一颗糖豆，放进水杯里蘸一下水。把糖豆上多余的水分甩掉后，按在咖啡滤纸条距离一端约2.5 cm的地方，直到糖果的颜色渗入滤纸。

3.把滤纸条的另外一端缠在铅笔上，用胶带固定。

4.把铅笔横放在玻璃罐上，让滤纸条悬挂在玻璃罐内，但不触碰罐子的底部。

5.把水壶里的水倒进玻璃罐，让水面没过滤纸条，但低于糖果的颜色印记。

6.观察几分钟。水会渗入滤纸条，不断向上攀升。当水达到颜色印记的高度时，它会携带印记中的染料分子继续向上，滤纸上会形成不同颜色的色带。往水里加入少量的盐，实验会进行得更顺畅。

7.等水到达滤纸条的顶部后，把滤纸条拿下来晾干。

发生了什么？

糖果的彩色糖衣通常含有数种可溶于水的可食用染料。糖果入水后，糖衣中的可溶性染料被释放了出来，并转移到咖啡滤纸上，形成了颜色印记。当渗入咖啡滤纸的水达到颜色印记的高度时，水再一次把染料（这一次是滤纸中的染料）释放了出来。水带着染料，一起向上攀升。然而，不同染料的溶解度也有所不同，也就是说，它们溶解于水的速度以及对滤纸的吸附程度都有着差别。溶解度高、吸附程度低的染料，向上攀升得更快、更远；而溶解度低、吸附程度高的染料则相反。这就导致咖啡滤纸上形成了不同颜色的色带。

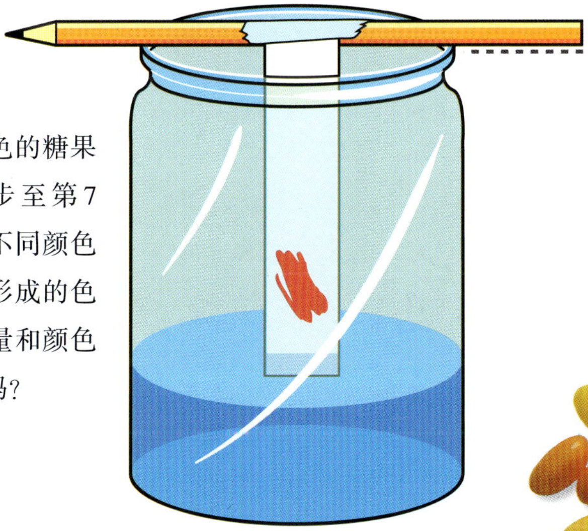

8.用不同颜色的糖果重复第2步至第7步。观察不同颜色的糖果所形成的色带，有数量和颜色上的差异吗？

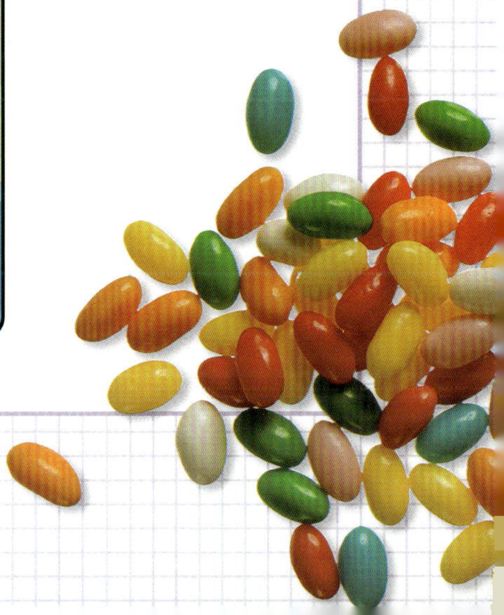

第五章

仔细看看可乐

探索发现

学习了解

做实验

做实验：没有颜色的可乐

20世纪40年代，透明可乐诞生。通过下面这个实验，你也能制作出自己的无色可乐。但是，你肯定不想喝掉它！

20世纪40年代与20世纪90年代，可乐生产商曾尝试把透明可乐推向市场，但是消费者并不买账。据说在第二次世界大战之后，有一位苏联军官喜欢喝可乐，但他又不想被旁人看见他喜欢喝这种“美国”风味十足的饮品，这就是透明可乐诞生的原因。

你需要：

- 一听可乐
- 100 mL牛奶
- 两个大玻璃杯
- 咖啡滤纸或厨房纸
- 漏斗

怎么做：

1.把可乐倒进大玻璃杯。注意可乐的颜色，观察一下目前可乐的透明度。搅拌可乐，让它冒一些气泡。

2.加入牛奶，搅拌均匀。

3.等待5分钟。这时你会发现，牛奶与可乐发生了反应，并且开始凝固。

4.在接下来的1小时里，每隔15分钟就搅拌一下混合物。

5.把咖啡滤纸或厨房纸折成圆锥状，放入漏斗。1小时后，把杯中的混合物通过漏斗，倒进第二个玻璃杯里。

如果实验成功，你就会获得一杯闻起来和可乐一样的无色液体！

发生了什么？

在刚才的实验里，牛奶凝固成块，这个过程被称为凝结。不小心倒洒了牛奶时，牛奶就会凝结；把牛奶制成乳酪时，牛奶也会经历凝结的过程。要想明白这个过程，你首先要对液态牛奶有更多的了解。牛奶是一种胶体悬浮液，也就是说，牛奶中悬浮着未溶解的固体微粒。新鲜牛奶里浮动着蛋白质。在一般情况下，这些蛋白质不会相互作用。但是，如果液体的pH降低（溶液酸性变强），蛋白质就会分解并凝结成块。

由于可乐中含有磷酸，当牛奶接触磷酸后，就会迅速开始凝结，形成肉眼可见的蛋白质凝块。但是这依然无法解释为什么可乐会变得没有颜色。其实原因在于可乐的着色剂（E150D）与牛奶的凝块发生了反应，导致颜色消失。着色剂里的色素带有电荷，它们会被蛋白质的凝块吸引，吸附在凝块上。当这些凝块被漏斗过滤掉后，可乐的颜色自然也就没有了。

于是，我们就获得了一杯酸性较弱的无色可乐，看上去也没有那么清爽了。尝一尝吧，不好喝可别怪我哟！

第二步

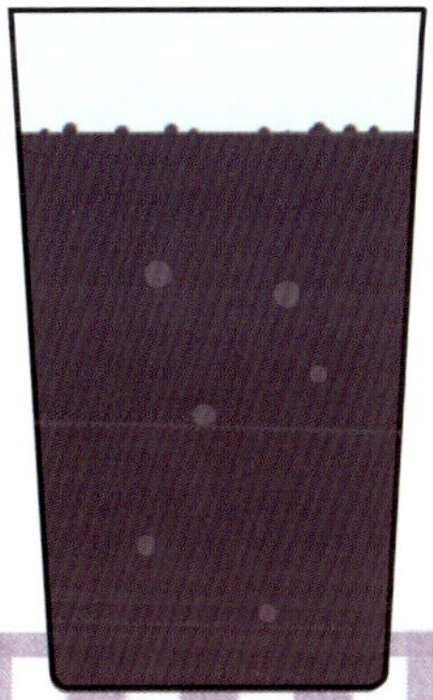

第三步

第五步

做实验：用可乐制作清洁用品

其实，可乐不仅仅可以止渴或振奋精神。在合适的环境下，可乐也可以充当一款方便的家庭清洁用品。

你需要：

- 三个小塑料容器或玻璃杯
- 蒸馏醋（白醋）
- 可乐
- 水
- 厨房纸
- 12个铜制硬币

怎么做：

1.观察硬币的外观。它们是闪闪发光的，还是暗淡无光的？它们是什么颜色的？如果你有照相机，可以把硬币拍下来。

2.在三个容器里各放进三枚硬币，并分别倒入水、可乐和醋，液体没过硬币1cm。

3.静置过夜。

4.第二天，从三个容器里各取出一枚硬币，用冷水冲洗后擦干。把这三枚硬币与没有放入任何液体的三枚硬币作对比。硬币的外观发生了变化吗？它们是闪亮的还是暗淡的？它们是什么颜色的？

5.从三个容器中分别取出剩下的两枚硬币，不要冲洗，也不要擦干。把它们放在厨房纸上，静置24小时。用大量清水把容器里的液体冲入下水管道。

6.把手好好洗干净。

7.第三天，对所有硬币的外观进行第三次观察，并将实验硬币与未实验硬币的外观作比较，观察其变化。

8.用醋清洗所用硬币，然后用清水把硬币洗干净并擦干。最后，再次清洗你的双手。

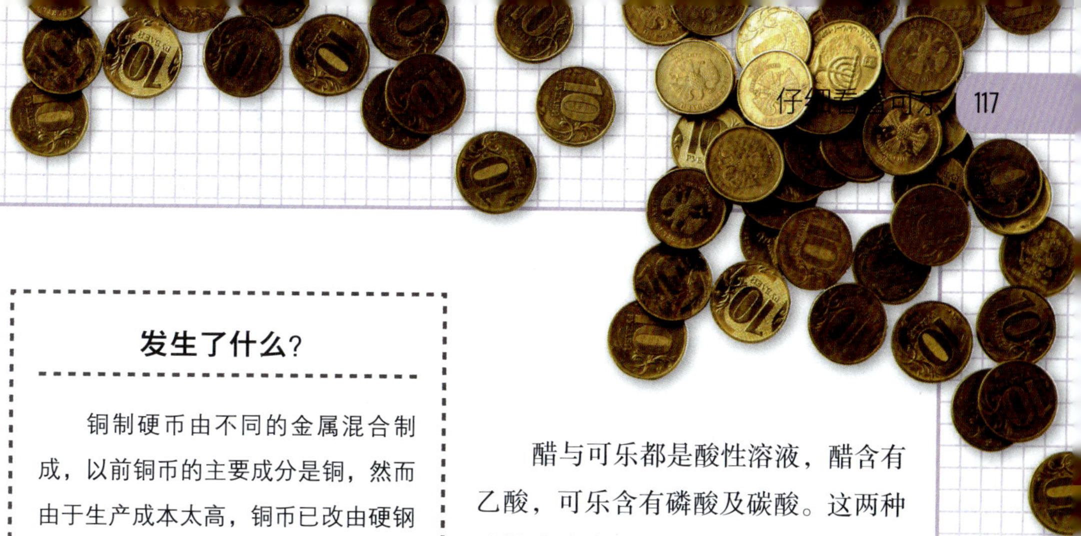

发生了什么？

铜制硬币由不同的金属混合制成，以前铜币的主要成分是铜，然而由于生产成本太高，铜币已改由硬钢制成。铜是一种呈红橙色的金属。随着时间的流逝，硬币中的铜会与大气中的氧发生反应，生成氧化铜。氧化铜覆盖在硬币表面，令硬币失去光泽，颜色变暗淡。

醋与可乐都是酸性溶液，醋含有乙酸，可乐含有磷酸及碳酸。这两种酸性溶液会对硬币表面的氧化铜发起攻击。乙酸与氧化铜发生反应，生成乙酸铜和水；磷酸与氧化铜发生反应，生成磷酸铜和水。

你应该发现了，从酸性溶液中拿出来的硬币，它们闪亮而有光泽。但从水里拿出来的硬币却没有变化，与没有放入任何液体中的硬币是一样的。

你或许也注意到了，那些浸入酸性液体，但在拿出来后没有被擦干的硬币，会变得微微发蓝或发绿。这是因为，当液体蒸发后，结晶状的乙酸铜（绿色）和磷酸铜（蓝色）留在了硬币表面。

探索发现：一个冒着泡泡的问题

没有了气泡，可乐就不再是可乐。丰富的小气泡在你的舌头上挠痒痒，这种感觉让气泡饮料喝起来更加过瘾。仔细想想，汽水其实是一种很不可思议的东西。它是液体，却储存着气体，还会逐渐地释放气体。接下来，让我们一起来了解几个关于气泡的小知识。

1740年，威廉·布朗里格第一次成功地把二氧化碳溶解在水里。那个时候，他还不知道这种液体在日后会如此风靡。其实，气泡水不是什么新的发明，它本来就存在于部分天然泉水中。只是，布朗里格找到了人工合成气泡水的方法。水能够储存气体，这也是为什么鱼在水里可以呼吸，因为鱼鳃可以吸入溶解在水里的氧气。通常情况下，当水中的二氧化碳含量超过水能承受的含量后，二氧化碳就会返回大气，而布朗里格提升了水中二氧化碳的量。

亨利定律

当溶解在水里的二氧化碳含量超过了水所能承受的含量后，水就会把二氧化碳释放出来，液体就会嘶嘶冒泡。那么，液体所能承受的气体量是多少呢？这个数值由亨利定律决定。19世纪，英国化学家威廉·亨利提出了亨利定律。这个定律告诉我们，在等温等压下，液体可溶解的气体量与液体表面上方该气体的平衡压力是成正比的，或者说是直接相关的。液体表面该气体的压力越大，液体可溶解的气体量就越多。

在打开可乐的那一刻，我们就能体验亨利定律，因为一瓶还未开封的全新可乐是经过增压的。

也就是说，在液体与瓶盖间的空间里，挤进了许多气体。瓶内空间的气体量多于大气里同等体积空间中的气体量。这个时候，可乐瓶子里是没有气泡的，高压强使液体中的二氧化碳维持在溶解状态。

当我们打开可乐瓶后，瓶内的压力瞬间减小，气泡开始浮现。开盖降低了液体表面上方的气压，液体可溶解的二氧化碳量也随之降低。换句话说，因为现在可乐中的二氧化碳含量超过了其所能承受的含量，于是可乐开始释放气体，让它们回到大气中。

如果可乐瓶一直不盖上盖子，最终大多数二氧化碳都会逸出。不过，如果我们重新把盖子盖上，气泡形成的速度就会减缓。原因在于，在液体表面浮现的气泡增加了瓶内的气压，液体内部的气压和液体表面的压力最终会达成新的平衡。这也意味着，会有更多的气体留在液体内，液体也会一直保持着有气的状态，直到瓶盖被再次打开。

你的老朋友“气泡”马上就要冒出来了。

如果你哪一天在飞机上，或者在珠穆朗玛峰的顶峰打开了可乐，那就要小心了。这些地方的低气压环境会让泡泡逸出得更快哟！

探索发现：可乐海洋

通过探索可乐中的化学，我们不仅仅进一步地认识了这种受欢迎的饮料，而且还对身边的化学有了更深的理解。

虽然在大多数情况下，可乐中的二氧化碳气体具有惰性（不太活泼），但是部分二氧化碳分子还是会和水发生反应，生成酸。把二氧化碳（CO_2）和水（H_2O）混合，我们会得到如下反应：

$$CO_2(g)+H_2O(l)\rightleftharpoons H_2CO_3(aq)$$

可乐中的气态二氧化碳与液态水发生反应，生成碳酸水溶液（可溶于水）。这个反应是可逆的。

方程式中的双向箭头表明，这个反应是可逆反应。该反应处于平衡状态，但这并不意味着方程式两边的化合物或分子的数量是相等的。这仅仅意味着两边的化学物质达成了平衡。想象一下，在一个跷跷板的两端，分别坐着一个大人和一个小孩。两端的质量并不相等。但是，如果大人坐得离跷跷板的中心更近一些，跷跷板就能平衡了。化学反应也一样，两边的物质的量不一定要相等才能达到平衡状态。

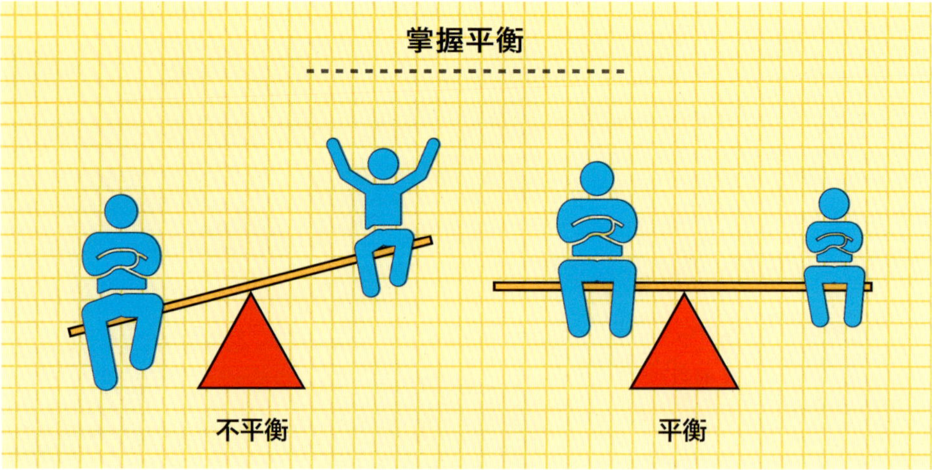

在平衡状态下，二氧化碳更倾向于维持气体的形态。所以，每600个二氧化碳分子中，仅有1个会溶解在液体里，从而生成酸。虽然只有少量的二氧化碳溶解生成了酸，但这已经足够改变可乐的pH值及味道了。

燃眉之急？

二氧化碳溶解于水并生成碳酸，这个反应不仅仅发生在饮料瓶里，也发生在大自然中。地球上的大部分水体中都溶解了足够的氧气，鱼类因此可以在水中呼吸；同样地，大部分水体里也含有二氧化碳，其含量处于可被检测到的水平。不论在什么地方，只要二氧化碳溶解了，就会生成碳酸。

目前，人类的各种活动正以前所未有的速度排放二氧化碳。比如燃烧化石燃料（石油和天然气），会向大气中排放二氧化碳，它们最终会进入海洋。海洋吸收了大约四分之一的人类排放的二氧化碳。液体中的二氧化碳含量越高，液体的酸性就越强。也就是说，海洋的pH正在不断降低。

虽然酸对我们的牙齿危害不小，但人类已经可以很好地应对这个问题，况且碳酸的酸性并不强。然而，并不是所有生物都和人类一样。珊瑚的骨骼由碳酸钙（蛋壳的主要成分）组成，对酸性物质十分敏感；生活在主要成分为碳酸钙的贝壳中的软体动物，比如牡蛎，已经受到了海洋酸化的负面影响，出现了畸形壳。

学习了解：可乐的外观

测一测你对可乐的外观和气泡有多了解。

突击测试：可乐

1.由于下列哪种物质，可乐才拥有了棕色的外观？

a）咖啡因

b）磷酸

c）E150D

d）肉桂油

2.可乐与牛奶混合时，牛奶中的蛋白质会凝结成块。是什么导致了这种现象？

a）二氧化碳浓度高

b）含糖量高

c）可乐中添加的人工色素

d）可乐中磷酸与蛋白质发生变性反应

3.可乐可以清洁铜币，因为酸可以去除铜币上的污渍。旧铜币上通常会有的一层黑黑的物质是什么？

a）我们手上的天然油脂

b）铜与空气发生反应所生成的氧化铜

c）因接触潮湿空气而生成的硝酸铜

d）与铜币中的其他金属产生反应所生成的锌铜

4.为什么可乐在清洁现代铜币时，没有那么有效了呢？

a）年代较新的铜币中的含铜量降低了

b）年代较新的铜币拥有防腐蚀涂层

c）经过多年的流通，年代较旧的硬币的性能减弱了

d）以上都对

5.液体可溶解的气体量，与液体表面上方的该气体的气压是成正比的。这被称为：

a）麦克林奇气体分压定律

b）胡克定律

c）布朗运动

d）亨利定律

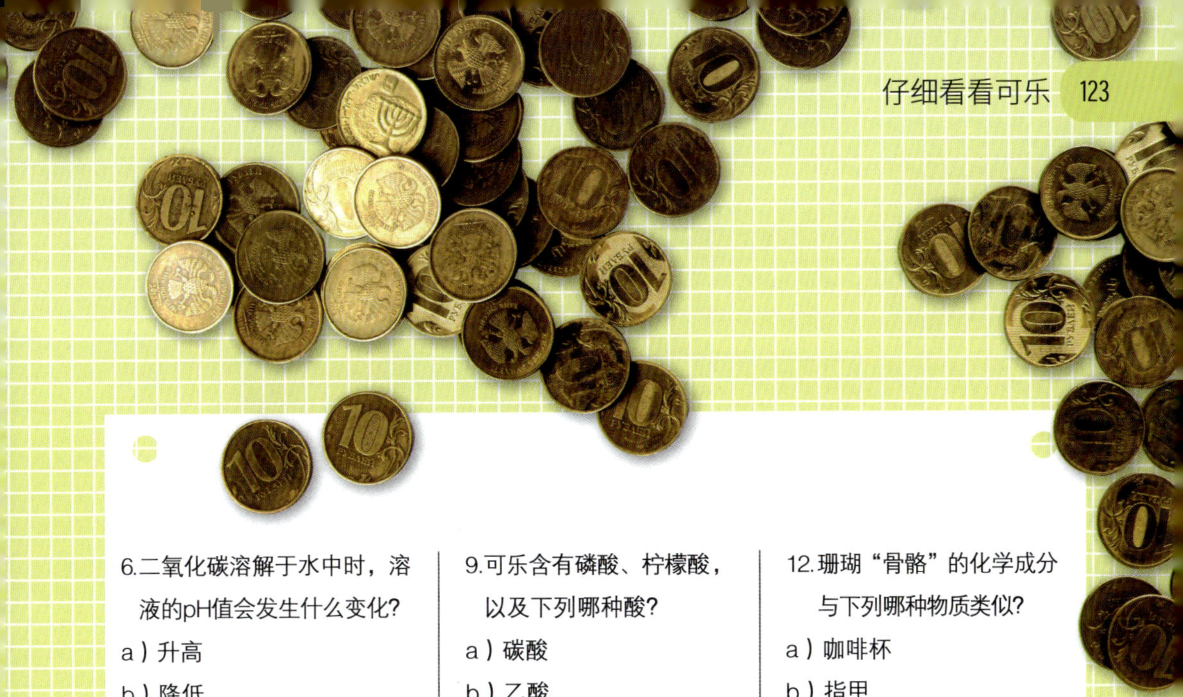

6.二氧化碳溶解于水中时，溶液的pH值会发生什么变化?

a）升高

b）降低

c）不变

7.如果一个化学方程式处于平衡状态，下列哪种说法是正确的?

a）这个反应不会再生成生成物

b）这个反应是完整的

c）反应物与生成物的数量相等

d）正反应与逆反应的速率相等。也就是说，反应物与生成物达成了平衡，它们的浓度不会升高也不会降低

8.溶解于海洋中的二氧化碳，就算仅略微提升含量，下列哪种生物的身体结构也可能会变得畸形?

a）浮游生物

b）牡蛎

c）龙虾

d）鲨鱼

9.可乐含有磷酸、柠檬酸，以及下列哪种酸?

a）碳酸

b）乙酸

c）盐酸

d）羧酸

10.海洋深处是高压环境，如果你有机会在那里打开一听可乐，你会发现什么现象?

a）可乐的体积大幅下降

b）可乐中的气泡似乎都消失了

c）可乐马上爆炸

d）可乐的颜色发生改变

11.人类目前所排放的二氧化碳，大概有多少被海洋吸收了?

a）10%

b）25%

c）33%

d）50%

12.珊瑚“骨骼”的化学成分与下列哪种物质类似?

a）咖啡杯

b）指甲

c）蛋壳

d）骨头

13.自20世纪80年代起，使用铜制硬币的国家开始减少硬币中的含铜量，并使用其他金属代替铜。这是为什么呢?

a）铜腐蚀得太快

b）现代人经常需要携带电子设备，而铜具有高导电性，非常危险

c）铜的储存量不足

d）铜的价格高昂，使得硬币的生产成本比硬币本身的价值还要高

（答案见147页）

第六章

活泼的可乐

探索发现

学习了解

做实验

探索发现：塑料狂想

1886年，可乐刚刚诞生时，人们在家里是喝不到这种饮料的，只能去冷饮店购买玻璃瓶装的可乐。随着可乐的市场需求越来越大，生产商、科学家及工程师开始联手研究能让人们把泡泡汽水轻便带回家的方法。

可乐最初是装在玻璃瓶中售卖的。虽然现在依然有商家使用玻璃瓶盛放可乐，但是在食品行业中，玻璃作为包装容器是比较麻烦的。比如说，玻璃瓶容易碎、重量很重等。1947年，一种颠覆性的新材质容器横空出世，那就是塑料瓶。在今天，全世界每分钟就会售出约100万个塑料瓶！

塑料是一种神奇的材料。虽然塑料有许多不同种类，但它们都非常轻便、耐用、牢固且具有惰性。由于这些特质，塑料成为储存及包装的完美材料。然而，塑料也有一个令人头疼的问题，那就是其难以生物降解。生物降解指的是物质随着时间推移而自然分解，就像植物与动物在死后会经历的分解过程一样。但是，塑料却能在自然界里存在数百年的时间，持续污染我们的陆地与海洋。

高分子

塑料是高分子材料。塑料的英语是“plastic”，这个词语指当受到压力时，物质所拥有的改变形状的能力。高分子聚合物的英语是“polymer”，这个词语描绘了物质的分子结构。“polymer”来源于希腊语单词“poly”及“méros”，前

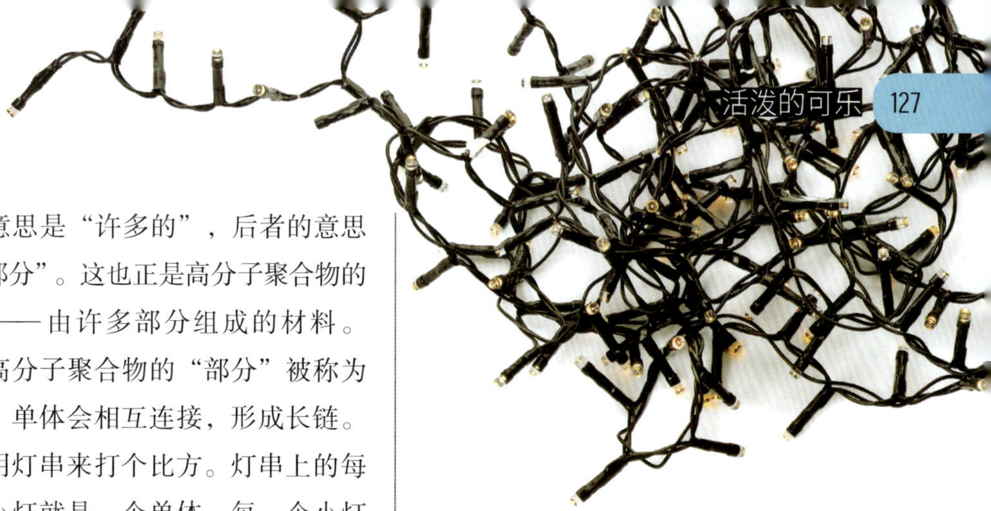

者的意思是“许多的”，后者的意思是“部分”。这也正是高分子聚合物的意思——由许多部分组成的材料。

高分子聚合物的“部分”被称为单体，单体会相互连接，形成长链。我们用灯串来打个比方。灯串上的每一个小灯就是一个单体，每一个小灯又分别连接着另外两个小灯，形成了长长的灯串。

缠成一团的高分子

灯串还能帮助我们进一步理解高分子聚合物的部分化学性质。如果你从储物间找出一串灯串，那些小灯很可能会乱糟糟地纠缠成一团。高分子聚合物也会有这种情况。高分子聚合物的长链很容易互相扭曲缠绕，形成高强度的材料。链条的长度越长，就越缠绕不清，硬度也就越高。如果高分子链非常短，而且没有缠绕，那么这种材料就会柔软许多，在较低的温度下便会熔化。链条更短的高分子聚合物甚至会表现得像液体一样。

乱糟糟的灯团被解开后，就变成了一串长长的灯串，类似的事情同样会发生在高分子聚合物身上。当你把它不断拉长时，它的链条就会解开，最终排列成完全伸展开的队列。如果你继续拉伸它，链条最终会断裂。

不是所有的高分子聚合物都是塑料，但是所有塑料都是高分子材料！

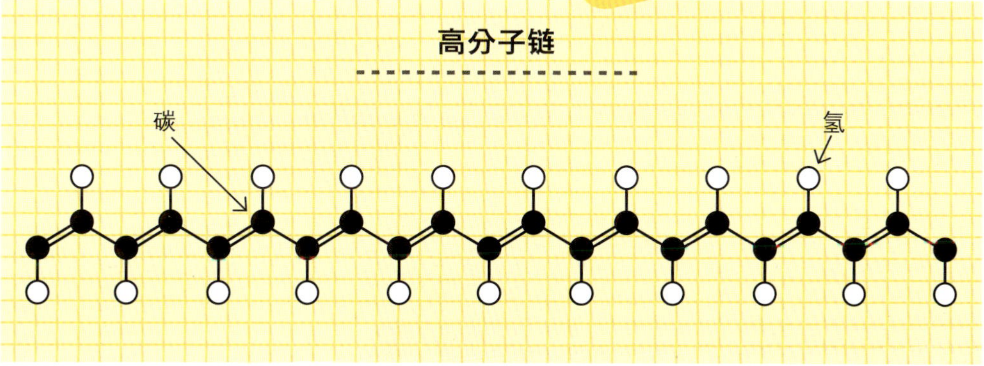

探索发现：高分子科学简史

自地球上出现生命以来，高分子材料就已经存在了。但是，人造（合成）高分子材料大概仅有100年的历史。与许多科学发现一样，高分子科学的发展历程也经历了学习自然世界以及改造自然世界两个阶段。

最初，人类使用的高分子材料仅限于天然材料，比如羊毛与棉花。近百年来，人们已经成功研发出合成高分子材料，这种合成高分子材料可以满足一切人类需要。从可乐瓶到航天器的零部件，高分子材料被用于生产各种各样的物品。

19世纪20年代，苏格兰化学家查尔斯·麦金托什发明了防水面料，高分子科技迎来了首次重大转变。麦金托什想出了一个绝妙的点子，他把天然橡胶溶解在了石脑油（石油与焦油的副产品）中。溶解于石脑油的天然橡胶可以像三明治夹心一样，夹在两层面料之间，形成防水层。因此，麦金托什发明的雨衣风靡一时。科学家也因此开始将天然高分子材料与石油化学产品混合在一起，这为合成高分子材料奠定了基础。

台球的巨响

让我们把时间快进到1870年。这一年，高分子科学又解决了另一个不同寻常的难题。在20世纪之前，人们通常用象牙制造台球。由于大象数量的减少、全球动物保护意识的觉醒、台球产品的需求扩大等原因，一家公司举办了一场竞赛，竞赛胜出者可获得1万美元奖金，以寻找可以在工厂中生产使用的象牙替代品。

其中一位参赛者是美国发明家约翰·韦斯利·海厄特。他使用数种天然高分子材料进行实验，发现了生成固体硝酸纤维素的方法，其性质与象牙类似。然而，被海厄特称为“赛璐珞”的硝酸纤维素有一个缺点，那就是会爆炸！虽然这种物质在大多数时候是稳定的，但有时，由赛璐珞制成的台球还是会发出巨响，就像枪声一样。没有人知道，海厄特是否拿到了1万美元奖金，不过他至少因此被列入美国国家发明家名人堂。

幸运的是，今天的高分子材料比19世纪的安全多了，比如聚对苯二甲酸乙二醇酯，简称PET。这是一种轻便、强韧、防水的材料，诞生于20世纪40年代。如今，每年使用PET制成的塑料瓶达到上千亿个。制作PET塑料瓶的化学物质几乎全部来自石油，这不禁让我们联想起麦金托什的发现。虽然PET塑料瓶看似是可乐的完美搭档，但是它们可以在自然界中停留超过400年的时间。所以，回收利用这些塑料瓶非常重要。

大自然的解决办法

科学家再一次把目光投向大自然，寻找新的材料，希望在享受高分子材料带来的好处的同时，无须付出破坏环境的代价。化学家想了各种点子，比如研究可用于堆肥且能生物降解的高分子材料，研究能把持久的高分子材料消化掉的虫类，等等。

携带动植物遗传密码的DNA，也是一种高分子聚合物！

探索发现：塑料污染

塑料制品带来了巨大的环境问题。每年排入海洋的塑料超过了800万吨。在想办法解决这个问题之前，我们需要理解其背后的化学原理。塑料的污染问题非常显著：在2050年之前，海洋中所有塑料的总重量将追平所有鱼类的总重量，而且90%以上的海鸟的消化道中都含有塑料。

高分子材料广受欢迎，原因在于它轻便、耐用、具有惰性。“惰性”这个词语表示，高分子材料倾向于不发生改变，与其他物质发生反应、分解、形成新物质的可能性低。惰性是食物包装材料的重要性质，这种材料在接触食物时不会被分解，更重要的是，这种材料不会与我们的食物发生反应，或者污染食物。然而，当我们利用完了塑料制品后，它的惰性也就变成了另一个难题。

打破链条

要想明白为什么许多高分子材料都具有惰性，我们需要回到它们的结构上分析。第126页至127页告诉我们，高分子聚合物是长链分子。分解高分子聚合物需要打破它的长链，然而这并不容易。高分子聚合物拥有一条长长的原子“主链”，化学键非常坚固。而且，这条主链上还结合着其他原子。

以一种简单的高分子——聚乙烯举例。聚乙烯拥有一条碳原子主链，两侧是氢原子。

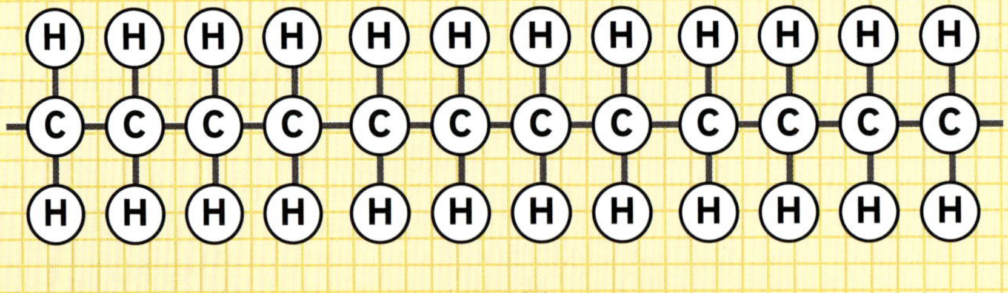

聚乙烯

这些氢原子保护着碳-碳键，让它们免受攻击。

有的时候，太阳的紫外线可以打破碳-碳键。照射在高分子聚合物上的紫外线，可能会被吸收，也可能会被反射。只有当波长合适的紫外线照射在合适的位置时，反应才会发生。这个反应会发生在高分子链上的任意一处：它可能会把1 000个片段的长链分成2条500个片段的链条；也可能会切断高分子链的末端。

即便太阳光打破了分子内的化学键，高分子聚合物分子结构也可以在很大程度上维持不变。破碎的分子仍由长链组成。阳光需要打破上百个乃至上千个化学键，才能使塑料完全降解。

海洋中的高分子材料垃圾难以接触到紫外线，即使紫外线照射到，也只是将它们分解得越来越小。这些塑料最终会变成塑料微粒，继续污染海洋环境。

做实验：收缩问题

高分子材料可以是任何形状、尺寸及颜色的，从亮红色的塑料袋，透明的可乐瓶，到不透明的管道。我们可以拉伸其分子结构，从而解开它们的长链分子。在这个实验中，你会参与整个过程，并了解如何回收利用高分子。

聚苯乙烯是最常见的高分子材料，接下来，它将成为你的研究对象。聚苯乙烯有多种不同的形态：透明易碎的唱片外壳、打包用的“花生状”的白色泡沫、一次性餐具，等等。塑料包装上会印着一个由三个箭头组成的三角形，这是树脂识别码（见第136页）。如果三角形里面的数字是6，那这种塑料就是聚苯乙烯。

这个实验的对象是轻薄透明的聚苯乙烯。为了达到实验的目的，最好使用用于盛放蛋糕和沙拉的透明一次性打包盒。

请务必在成年人陪同下进行实验

你需要：

- 透明的聚苯乙烯薄片（树脂识别码为6）
- 彩笔
- 烤箱
- 剪刀
- 铝箔
- 烤盘
- 烘焙手套

怎么做：

1.找一些透明的聚苯乙烯，最好是重复利用的（也可以从网上购买）。确保不要使用膨胀的聚苯乙烯（比如用于打包的花生状泡沫），因为它们不是透明的。把有纹理的边角剪掉，留下透明平整的薄片。

2.在聚苯乙烯薄片上画些图案并上色，也可以在上面打几个洞，方便把作品挂起来。画好后，把图案裁剪出来，这样你就拥有了几块经过装饰的聚苯乙烯片。

3.烤箱预热180℃。

4.把彩色的聚苯乙烯放在铝箔上，放入烤盘，将烤盘放到烤箱下层。可以请人帮忙。

5.温度升高后，聚苯乙烯薄片会扭曲变形，开始收缩，最后会变得更小更厚。注意不要让聚苯乙烯烧起来。

6.当薄片不再扭曲变形，变得静止不动时，请人帮忙，戴上烘焙手套，把烤盘拿出来。小心不要碰到聚苯乙烯，它此时的温度非常高，把它静置放凉。温度降下来后，聚苯乙烯就会永远保持新的形状了。

发生了什么？

聚苯乙烯发生收缩，回到原始形状。聚苯乙烯被加热时，其高分子链可以更自由地运动，从一开始被拉伸的状态，变成了弯曲盘绕的状态。在生产过程中，聚苯乙烯会先被制成3mm厚的片状物，然后经过加热，被拉伸为非常薄的薄片，用于制作食物包装。当把聚苯乙烯片放入烤箱加热时，它们便回到了原始的状态。

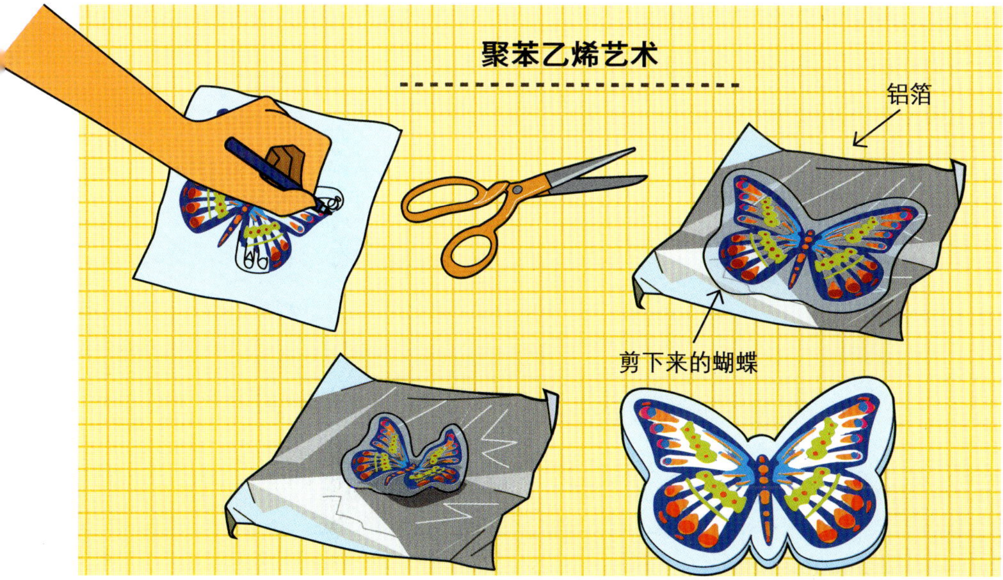

探索发现：可回收的易拉罐

每年全球易拉罐产量可达1800亿个。易拉罐与塑料瓶不一样，塑料瓶材料分子由复杂的长链分子构成，而易拉罐材质的化学组成非常简单，它几乎只有一种成分，那就是铝。

用铝制造易拉罐的效果非常好，因为铝的重量轻，强度高，而且资源充裕。但即便如此，制作出完美的易拉罐，仍然需要丰富的化学知识。

贵金属

如果你对一个19世纪末期的人说，未来不论在酒吧、超市，还是全世界任何人的家里，铝罐都随处可见，他听了你的话很可能会放声大笑。你也可以告诉他，我们现在会用金子建造房屋，用固态银打造家具。虽然铝是地壳中含量最多的金属，但曾经，铝和金、银、铂、钯一样，位于贵金属之列。

为什么铝的价值曾经会这么高呢？虽然铝在地下十分常见，但它鲜少以单质铝的状态存在。你或许还记得，在第60页我们说过，元素是只含有一种原子的物质。而铝总是会与硅或氧发生反应，生成化合物。在地下，单质铝是非常罕见的。

19世纪50年代，法国皇帝拿破仑三世使用铝质餐具来炫耀自己奢靡富足的生活，只有他最青睐的客人才能用得上这种餐具（不重要的晚宴客人，只能勉强使用金质或银质餐具）。然而，这种情况很快就要发生改变了。

铝炼金术

1886年，一个法国化学家和一个美国工程师研发出了霍尔-赫鲁特法，这种方法能够将铝的化合物转变为单质铝。从那以后，铝的价格开始下降。

1年后，一个奥地利工程师发明了拜耳法。通过这个方法，人们可以把富含铝元素的矿石加工成可用于霍尔-赫鲁特法的形态。铝的价格大幅下降，需求不断增多。多亏了这三位科学家，如今铝的年产量才能超过6 000万吨，并且铝被用于制作易拉罐、铝箔及飞机部件。

超级多的能量

铝的精炼过程虽然非常奇妙，但也有一个巨大的缺点：将铝从其他物质中分离出来需要耗费大量电力。在澳大利亚，精炼铝所耗费的电力，占据全国电力消耗总量的12%！幸运的是，当铝被制作出来后，我们可以把它们一次又一次地循环再利用。瑞士易拉罐的年回收利用率超过了90%。

宝石

如果条件合适，铝和氧可以与其他金属结合，生成红宝石和蓝宝石。宝石的颜色取决于所加入的其他元素。

探索发现：循环利用

当一瓶可乐或一听可乐被喝完后，它的下一站必然是回收站（希望如此）。虽然循环再利用已经成为世界上许多国家及人民的环保理念，但有的时候，人们还会对此有所误解，甚至做出错误的行为。

或许，你会在分类回收垃圾桶前迟疑不决，你不知道该如何分类垃圾，也不知道这些垃圾究竟是什么材质，甚至你会疑惑这些垃圾到底属不属于可回收物。可见，循环利用并不如我们所想象的那样简单。

垃圾分类

要做好垃圾的回收利用，分类是关键。当你把所有同类的材料收集在一起后，你就能再次加工它们了。决定把垃圾放入哪一个垃圾桶，这只是分类过程的第一步。

正如我们所见，铝质易拉罐的回收过程并不难。大型磁铁会把易拉罐从其余垃圾中分离出来。随后，人们会熔化易拉罐，进行再加工。

高分子材料的回收过程就要复杂多了。不过，如果你仔细观察塑料包装，你总会找到一个由三个箭头组成的三角形小标志，中间有一个数字。这就是树脂识别码。

国际树脂识别码编码系统给每一种高分子分配了一个数字，从1到7。通过这些数字，你就能知道某个物品的具体材质是什么。比如，大部分塑料可乐瓶的编码都是1，也就是说，它们的成分是聚对苯二甲酸乙二醇酯（PET）。由PET制成的物品，回收起来是最简单的。但是，我们必须首先把它们从其他垃圾中分离出来，并收集在一起。

1 PET	2 HDPE	3 PVC	4 LDPE	5 PP	6 PS	7 PC及其他
聚对苯二甲酸乙二醇酯	高密度聚乙烯	聚氯乙烯	低密度聚乙烯	聚丙烯	聚苯乙烯	聚碳酸酯及其他

回收站

回收的废品到达加工场后，通常会被送上隆隆作响的传送带。同时，工作人员会把其中不可回收的物品挑拣出来。接下来，喷射气流会把重量相对较轻的物品，比如纸张和硬纸板，吹到另外的通道上，留下塑料和金属。磁铁则会把铝和钢分离出来，单独处理。传送带上只剩下了不同种类的高分子材料。然后，体现人类智慧的时候到了。

一台红外摄像机会扫描传送带上的塑料，进行分拣。这种摄像机可以迅速地区分不同类型的高分子材料，喷射气流则会把同类高分子材料吹到一起，从而分类。摄像机仅需不到一秒的时间，就能识别出高分子材料的类型，并把它送入正确的气流中。不过，红外摄像机也有弊端，它无法识别黑色的塑料。所以，许多用于微波炉加热的黑色塑料餐盒就会被漏掉，最后只能运送到垃圾填埋场。

高分子材料经过分类后，部分类型，比如我们的可乐瓶，就能被循环利用了，其他类型的高分子，比如6号聚苯乙烯是难以再加工的，通常会埋入垃圾填埋场。可乐瓶会进一步按照颜色分类，然后被碾成碎片并熔化。有的时候，这些高分子材料会重新变成一个瓶子。但大多数时候，它们会被制作成以高分子材料为基础的产品，比如地毯。

绿色资格证

美国的塑料瓶回收率不到25%，而德国是这方面的佼佼者，德国的垃圾回收率超过50%。

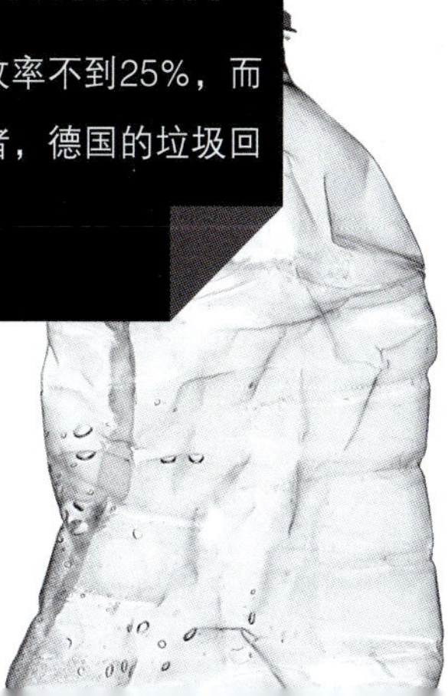

学习了解：高分子材料问题

在探索了高分子材料的世界后，现在来测一测你学到的知识吧。

突击测试：高分子材料

1.“塑料”这个词语指代的是哪种材料性质?
a）不活泼且光滑的
b）可熔的
c）可变形的、可弯曲的
d）包装使用

2.高分子内重复性的单位叫什么?
a）元素
b）苯乙烯
c）同分异构体
d）单体

3.大部分的合成高分子由什么制成?
a）经过改良的树汁
b）石油等化学产品
c）糖和淀粉
d）酸和矿物质反应的生成物

4.许多高分子的主链是长碳链。除了碳元素外，高分子主链中还含有哪种元素?（小提示：阅读第61页，看看元素周期表的走向）
a）氧　b）铝
c）硫　d）硅

5.下列哪项不是高分子物质?
a）玻璃
b）羊毛
c）棉花
d）DNA

6.选择合适的一项，将句子补充完整：链条较短的高分子，通常来说
a）仅存在于大自然中
b）比起链条较长的高分子，会在更低的温度下熔化
c）比链条较长的高分子更坚固、更强韧
d）是人工合成的

7.塑料瓶由什么制成?
a）多糖
b）聚氯乙烯
c）聚对苯二甲酸乙二醇酯
d）聚四氟乙烯

8.每一分钟，全世界约售出多少个塑料瓶?
a）50万
b）100万
c）1,000万
d）1亿

9.据估计，在2050年前，海洋中的塑料重量将会追平下列哪个选项?
a）三架大型喷气式客机的重量
b）瑞典每年生产的橡胶的重量
c）大西洋中的所有座头鲸的重量
d）海洋中所有鱼类的重量总和

10.全球塑料问题日益严重，主要原因是：
a）高分子易溶于水
b）高分子会改变海水的pH值
c）高分子会污染海洋底部，减少植物与海洋生物的生活空间
d）高分子难以生物降解

（答案见147页）

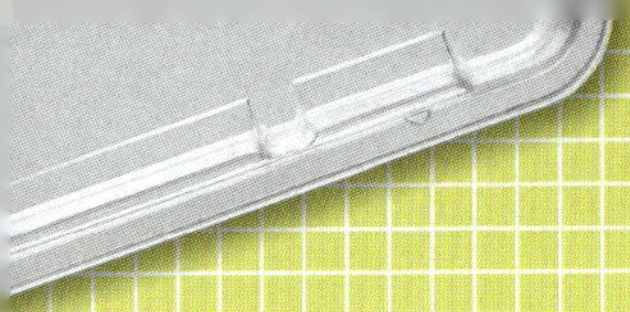

学习了解：回收再利用

回答下列问题，测一测你对回收利用有多了解。

突击测试：回收利用

1.回收站如何区分不同类型的塑料？

a）人工手动区分

b）按照重量

c）依靠定向的喷射气流

d）依靠离心力

2.在全世界，消化系统中含有塑料的海鸟占比为多少？

a）20%

b）46%

c）73%

d）90%

3.高分子材料上有一个由箭头组成的三角形，里面印着一个数字。这个标志可以告诉我们什么信息？

a) 是否是可回收物

b) 高分子材料的类型

c) 生物降解所需时长

d) 高分子材料的纯度

4.下列哪个国家的垃圾回收及堆肥处理的比例最高？

a) 英国

b) 荷兰

c) 德国

d) 美国

5.美国塑料瓶的回收利用率大概是多少？

a) 10%

b) 25%

c) 40%

d) 50%

6.下列哪种物品通常由回收再利用的塑料饮料瓶制成？

a) 打包用的花生状泡沫

b) 一次性侧开口打包盒

c) 地毯

d) 鞋底

7.废弃的塑料饮料瓶需要多长时间才能降解？

a) 200至400年

b) 400至600年

c) 600至800年

d) 永远不会降解

8.高分子聚合物可以在动物体内停留许多年，这是为什么呢？

a) 高分子聚合物会与消化道内的软组织结合

b) 高分子聚合物非常小，身体不会发现它们

c) 身体会把高分子聚合物当作自己的一部分

d) 身体无法分解具有惰性的高分子聚合物

（答案见147页）

探索发现：玻璃瓶

到目前为止，我们已经认识了可乐的塑料瓶和铝质易拉罐。最后，让我们再来看看一切的起源——玻璃瓶。与塑料一样，玻璃也是一种奇妙的材料，在我们的日常生活中有着数不清的用途。当人们努力减少塑料垃圾时，玻璃可能会再度流行起来。

玻璃是我们日常生活中最重要的材料之一。从窗户到可乐瓶，你每天都会和各种形态的玻璃打交道。科学界有一种说法是自文明诞生时，人类便开始使用玻璃了。虽然我们从4 000年前才开始制造玻璃产品，但是有证据表明，早在石器时代，天然玻璃（因闪电及火山而形成）就已为人们所用。

玻璃的主要成分是二氧化硅（SiO_2），沙子中就含有大量的二氧化硅。纯二氧化硅的熔点是1 650℃，熔化后得到的透明固体对温度变化具有强抵抗力。我们把这种形态的玻璃称为熔融石英。理论上，熔融石英可以用于制造可乐瓶。但是，要让温度达到1 650℃，这非常困难而且成本高昂。纯二氧化硅的熔点高于许多金属，比如铁的熔点是1 538℃。

把假水晶拿出来

或许你家里也有一些专门为重要场合准备的“水晶”玻璃杯。如果你不想在化学家面前丢脸，就千万不要把它们拿出来！橱柜里的水晶不是水晶，而且性质和水晶有着极大差别。水晶的结构非常规律，是可以预测的，而玻璃的分子结构却没有清晰的排布顺序或规则。

钠钙玻璃

为了制造出强度与透明度都堪比熔融石英但更易于加工的玻璃，化学家往混合物中加入了多种化学物质。在我们的日常生活中，最常见的玻璃是钠钙玻璃。这种玻璃的主要成分仍是二氧化硅，但同时含有碳酸钠（Na_2CO_3）以降低熔点、氧化钙（CaO）以降低活泼度，以及氧化镁（MgO）以提升耐磨性。这些化学物质混合而成的玻璃在大约600℃就会软化，方便加工。

相较于熔融石英，钠钙玻璃拥有较低的操作温度，因此加工起来更为简便，成本也更低。钠钙玻璃非常适合回收再利用，因为人们可以把玻璃瓶熔化后进行再加工。此外，塑料品中通常含有各种色素，会形成数不清的颜色，而玻璃大多是透明的、绿色的或棕色的。这一点也使得它方便回收，因为玻璃熔化前的分类工作会变得更加简便了。也就是说，我们能够更容易地获得纯净的再生产品。

我们使用玻璃瓶喝可乐，已经有100多年的时间。那么再过100多年，我们会使用什么材质的杯子来喝可乐呢？只有时间能告诉我们答案。

答案

答案

第一章　物质的状态

P12 厨房里的化学

1. c
2. d
3. a
4. b
5. d

P13 物质和状态

1. c
2. a
3. e
4. b
5. f
6. d

P28 测试温度

1. a
2. c。冰的密度小于水的密度，所以冰体积大于融化后的水，冰融化后，混合物体积减小。
3. 错误。不同的物质改变状态的温度也不相同。比如在室温下，二氧化碳是气体，而水是液体。
4. b

P29 加热和冷却

1. d
2. c
3. 按密度从大到小排列：水1g/cm^3，食用油0.92~0.93g/cm^3，冰0.917g/cm^3，空气0.00124g/cm^3。
4. 体积减小；压力增大；密度增大；粒子间距减小。
5. a
6. c
7. d
8. a
9. b

第二章　溶液

P46 摩尔的相关计算

1. M_r =(12x12)+(22x1)+(11x16)=342
2. 摩尔质量=11/342≈0.03 mol或30 mmol
3. 水含有的分子更多。首先，把质量转换成摩尔质量。蔗糖：100/342=0.29 mol；水：100/18=5.56 mol。然后，用摩尔质量乘以阿伏伽德罗常数，计算出分子数量。
   蔗糖：$0.29\text{x}6.022\text{x}10^{23}\approx1.75\text{x}10^{23}$
   水：$5.56\text{x}6.022\text{x}10^{23}\approx33.48\text{x}10^{23}$
   $=3.348\text{x}10^{24}$
4. 可以，而且铺满糖果高度可以达到66 km。美国面积为$9.16\text{x}10^{16}\,cm^2$，也就是说，$9.16\text{x}10^{16}$个糖果就能铺满美国。而1mol的糖果等于$6.022\text{x}10^{23}$个糖果。$6.022\times10^{23}\div9.16\times10^{16}=0.6574\times10^{7}$ cm≈6.6×10^{6}cm=66 km，所以这个富豪可以用糖果把美国多次铺满。

P47 酸和碱

1. b
2. b
3. d
4. c
5. b

6. c
7. d（可能是酸性的、中性的或碱性的）
8. a

P52 配平方程式

1.由于每个水分子都含有2个氢原子和1个氧原子，而且每摩尔氢气或氧气所含的原子数量是相等的，所以当氢原子都被用完时，只有一半的氧原子发生了反应。也就是说，这个反应会得到1mol的水和0.5mol还未用到的氧原子。
2. a
3.这个反应会生成水，缺少的分子是H_2O。
4. $2Au\ (s)+3Cl_2(g) \rightarrow 2AuCl_3(s)$
5. a) $TiCl_4+2H_2O \rightarrow TiO_2+4HCl$
   $TiCl_4$中有4个氯原子，需要2个H_2O分子提供4个氢原子与它们发生反应。$TiCl_4$中还有1个钛原子，需要2个氧原子与它们发生反应。

b) $4Fe+3O_2 \rightarrow 2Fe_2O_3$
   方程式两边的氧原子及铁原子的数量都需要相等。氧原子的数量需要同时能被2（方程式左边）和3（方程式右边）整除，符合这个条件的最小的数是6，所以方程式的两边各有6个氧原子。也就是说，这个反应在开始时有3个氧分子，发生反应后，生成了2个三氧化二铁分子。只要把左边的铁原子的数量乘以4即可。

c) $C_{12}H_{22}O_{11}+12O_2 \rightarrow 12CO_2+11H_2O$
   $C_{12}H_{22}O_{11}$中有12个碳原子，需要12个氧分子与它们发生反应，从而生成12个二氧化碳分子。$C_{12}H_{22}O_{11}$中剩余的22个氢原了和11个氧原子反应生成11个水分子。

6.氯化氢+氢氧化钠→氯化钠+水
7.d。反应的生成物详细标注在平衡的方程式的右边；每一种反应物的状态体现在括号里；通过方程式中原子与分子的数量可知摩尔比；但是，平衡的方程式不包含任何关于反应速率，或者说反应发生的速度的信息。
8.错误。有些化学反应可以得到多种生成物。就算反应物只有一种，它也能分解成数种生成物。（反应物与生成物的原子数量必须相等。）

P53 实验室

1. d
2. f
3. a
4. i
5. g
6. b
7. h
8. c
9. e

第三章　化学的组成

P68 元素小测验

1. d
2. f
3. a
4. h
5. g
6. c
7. b
8. e

P69 电子

1.第23号元素拥有23个电子。金是第79号元素，拥有79个电子。

2.a)氧的价电子层中有6个电子。氧共有8个电子，前2个电子与原子核的距离更近，不属于价电子层。

b) 氧还需要2个电子，才能填满价电子层。

3.a) 氩的价电子层中有8个电子。

b) 氩的价电子层中可以装下8个电子。

c) 氩的价电子层已经填满了，它既不想得到也不想失去电子，所以它不会轻易地形成任何化学键。

4. a) 钠的价电子层中只有1个电子，它会想摆脱这个电子。当钠摆脱电子时，就会发生剧烈的反应。钠失去电子很容易，而且速度很快，这就意味着钠是一种活泼金属。

b) 钠失去了外层电子，变成带有正电荷的离子。

c) 钠失去了外层电子，氯获得了钠的外层电子，于是钠离子带有正电荷，而氯离子带有负电荷。

5. b

6.共价键。碳的价电子层中有4个电子，因此碳倾向于共用电子，而不是偷取或摆脱电子。

P75 挑战1

1. 二甲醚

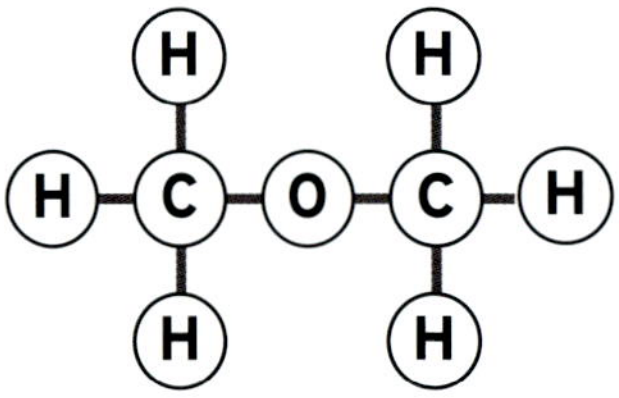

2. 甲烷

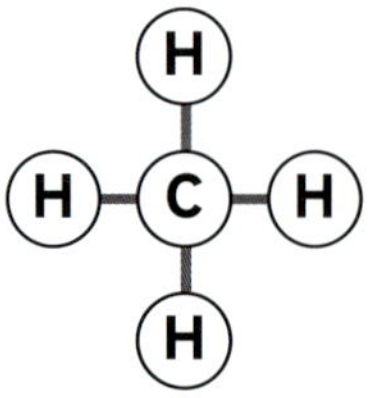

3. 乙烷没有同分异构体

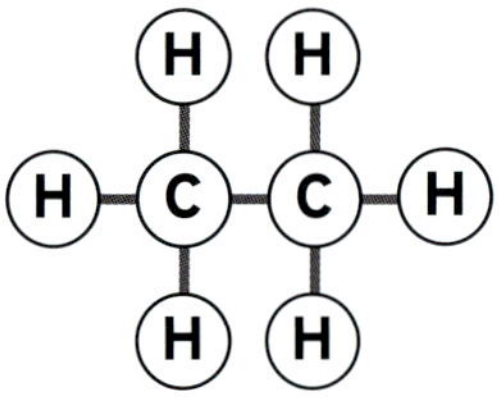

4.戊烷有三个同分异构体：正戊烷。

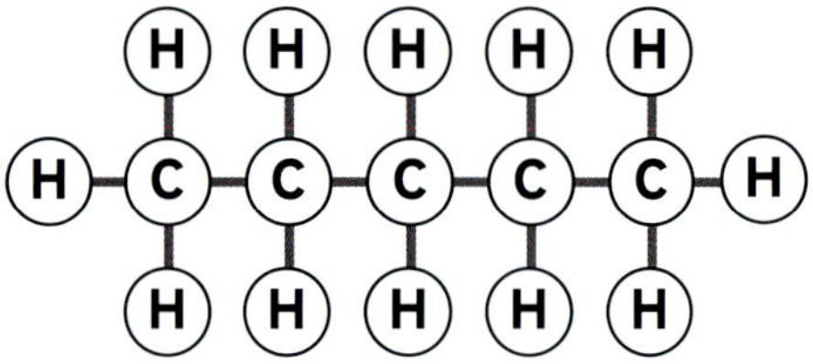

异戊烷。

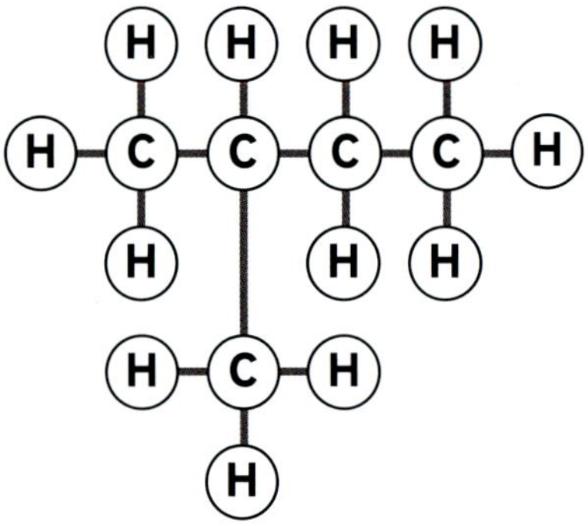

新戊烷。

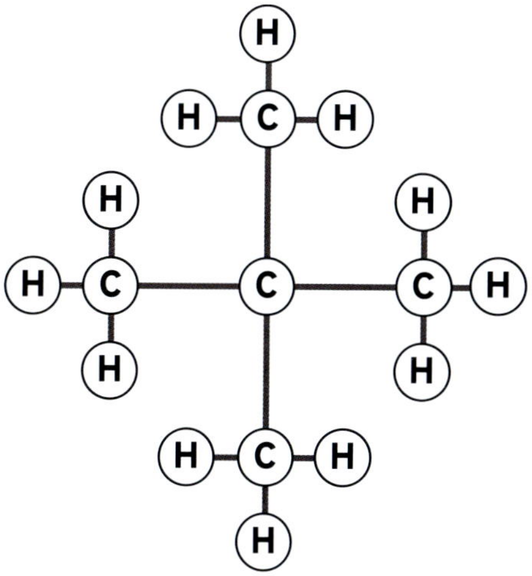

挑战2

二氧化碳。

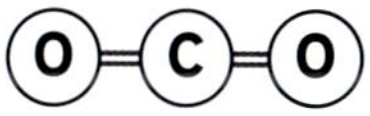

P77 体积与表面积

1. $2\pi rh$表示圆柱体的侧面面积，$2\pi r^2$表示圆柱体的两个底面面积。

2. a) 半径约等于3.09 cm。

b) 表面积约等于273 cm^2。

3. a) 雪糕砖的体积是15 625 cm^3。

b) 雪糕砖的表面积是3 750 cm^2。

c) 洞的体积约等于491 cm^3。所以，雪糕砖的新的体积为：15 625−491=15 134 cm^3。

4. 相较于体积，许多家用物品的表面积是非常大的。海绵就是一个很好的例子。海绵里面有许多孔洞，因此可以储水。厨房纸巾和纸巾的结构也是类似的，尿布也有着很大的表面积，因此能够快速吸水、锁水。

第五章　仔细看看可乐

P122 可乐

1. c
2. d
3. b
4. a
5. d
6. b
7. d
8. b
9. a
10. b。在高压环境下，气体会停留在液体里，保持溶解的状态，不会逃脱。
11. b
12. c。两者都由碳酸钙组成。
13. d

第六章　活泼的可乐

P138 高分子材料

1. c
2. d
3. b
4. d
5. a
6. b
7. c
8. b
9. d
10. d

P139回收利用

1. c
2. d
3. b
4. c
5. b
6. c
7. b
8. d

图片版权

Shutterstock图库

62, 63: © SATJA2506

32, 89: © Nito

44, 45, 116: © Love the wind

目录9, 25, 28: © Triff

2 - 3: © Natali Zakharova

3: © Handmade Pictures

4, 5, 12, 54, 55, 114, 118, 119, 146, 147: © Alena Ohneva

7: © Melica

8, 9: © Nataly Studio

10: © Passakorn Umpornmaha

13, 17: © Alexey Kljatov

14, 15, 24, 25: © Mariyana M

18: © E.O.

20, 21: © dkidpix

22顶部: © bsd

24底部: © Kozini

35, 46: © M. Unal Ozmen

36, 37,: © Mariyana M

37: © Mrcmos

38: © Hong Vo

42: © Kaiskynet Studio

47顶部: © Irin-K

47: © Protasov AN

48顶部: © Duda Vasilii

58: © Cigdem

60 - 61: © Humdan

62中部: © Ang Intaravichian

64: © Djomas

65: © Oleg GawriloFF

69: © Macro Wildlife

70, 71: Studio Vin

72顶部: © Apisit Burawannint

72底部: © Stockphoto- graf

73 顶部: © Baibaz

73底部: © Kubais

75: © AJT

78顶部, 79: © Schtiel

80-81: © Narudon Atsawalarpsakun

84: © Jiri Hera

85底部: © Jiri Hera

88: © Stock Image

89左侧: © Taiga

90 - 91: © Jacek Chabraszewski

92顶部: © Yeti Studio

92: © Evgeny Karandaev

96顶部, 106: © Ydumortier

97左侧: © Danny Smythe

97右侧: © Anna Garmashevska

98: © Michael Puche

99: © Goodluz

100右侧: © Hekla

102: © Vandame

103顶部: © Matveev Aleksandr

103底部: © Ollyy

104左下方: © Albert Russ

110, 111: © Gyvafoto

114: © Adam Gilchrist

116, 117: © Kirill Aleksandrovich

119底部: © Speedkingz

121: © Lightspring

126: © Duxx

127顶部: © Africa Studio

128: © Kitch Bain

129: © Pavelis

131顶部: © Ombra Estudi

131底部: © Fedorova Nataliia

132,133,138,139: © Winai Tepsuttinun

134: © RHJ Phtoto and illustration

135 © Fabrika Simf

136顶部,145,146: © Dan Kosmayer

136底部: © Totem Art

137顶部: © Alba Alioth

140 - 141（顶部）: Spixel

140 - 141（底部）: © Normana Karia

144, 145: © Alena Ohneva

除标注外，本书插画作者均为罗布·勃兰特（Rob Brandt）。我们已竭尽所能，对书中使用的图片的版权方进行了标注。如出现任何无意的错漏，我们表示诚挚歉意，并将于再版的书籍中补充对版权方个人或公司的标注。